EXERCÍCIOS PARA MANTER A

MENTE ATIVA

Dados Internacionais de Catalogação na Publicação (CIP)
(Câmara Brasileira do Livro, SP, Brasil)

Puig, Anna
  Exercícios para manter a mente ativa / Anna
Puig ; tradução de Guilherme Laurito Summa. 7. ed. –
Petrópolis, RJ : Vozes, 2015.
  Título original: Ejercicios para mantener la
cognición

  2ª reimpressão, 2023.

  ISBN 978-85-326-4019-2
  1. Envelhecimento 2. Gerontologia – Raciocínio
(Psicologia) 3. Memória 4. Memória – Distúrbios –
Prevenção 5. Memória – Fatores de idade 6. Memória –
Treinamento I. Título.

10-04188

CDD-612.67
NLM-WT 100

Índices para catálogo sistemático:
1. Mente : Aprimoramento : Gerontologia :
Ciências médicas   612.67

ANNA PUIG

EXERCÍCIOS PARA MANTER A MENTE ATIVA

Tradução de Guilherme Laurito Summa

EDITORA VOZES

Petrópolis

Editoração: Dora Beatriz V. Noronha
Diagramação: AG.SR Desenv. Gráfico
Capa: Aquarella Comunicação & Marketing

ISBN 978-85-326-4019-2 (Brasil)
ISBN 978-84-9842-120-0 (Espanha)

Este livro foi composto e impresso pela Editora Vozes Ltda.

Para meu pai.

SUMÁRIO

PRÓLOGO

Na investigação psicológica sobre o envelhecimento, as mudanças cognitivas têm sido e continuam sendo o tema que gera a maior quantidade de estudos; enquanto que nas décadas de 1960 e 1970 a ênfase recaía sobre as mudanças na inteligência, aos poucos o foco de interesse deslocou-se para esferas relacionadas com o estudo da memória.

Sem dúvida, a memória é uma função cognitiva essencial para enfrentar com sucesso as diferentes situações com as quais nos vemos envolvidos em nosso dia a dia, quando temos de lembrar muitas coisas. Observamos que é exatamente a memória o aspecto cognitivo do qual se queixam com mais frequência os idosos. Para eles, a dificuldade de lembrar pode representar um sinal de envelhecimento e ser motivo de preocupação. A associação que se nota entre o envelhecimento e o declínio irreversível da capacidade de memorizar permite que tenham expectativas pessimistas em relação ao rendimento de sua memória, o que pode fazer com que se dediquem menos às tarefas relacionadas a ela, aumentando a probabilidade de que esse rendimento seja menor do que poderia ser. Assim sendo, as investigações sobre o processamento da informação com relação aos efeitos do envelhecimento sobre a memória não se situariam nas estruturas de armazenamento da memória, mas sim nos processos de manipulação e controle da informação. Por isso, são necessários programas de intervenção e manutenção da memória.

Nos estudos sobre inteligência, enquanto os primeiros trabalhos se basearam na utilização de testes psicométricos, os resultados forneceram uma visão pessimista e determinista da evolução da inteligência, apesar de essa visão não ser compartilhada por todos os pesquisadores. Por exemplo, sob a perspectiva psicológica do ciclo vital, obtém-se uma visão positiva da capacidade cognitiva das pessoas idosas, enfatizando-se a influência que poderiam ter no desenvolvimento da pessoa não somente fatores relacionados à idade, como também aqueles relacionados com o entorno histórico-social em que se encontra imersa a pessoa ou, inclusive, experiências pessoais. Muitos partidários do ciclo vital têm abordado o estudo das condições que permitem envelhecer de maneira ótima. Segundo eles, as pessoas que chegam a desfrutar de um envelhecimento sadio seriam aquelas que se envolvem em uma série de estratégias que fazem parte do processo geral de adaptação ao longo do ciclo vital, mas que são especialmente importantes quando, devido aos processos de envelhecimento, as perdas e ameaças de perda aumentam.

Por isso, os psicólogos que trabalham com idosos, seja em instituições ou na comunidade, partindo dessa consideração positiva das capacidades desse grupo, longe dos estereótipos e preconceitos tão frequentes quando se trata dos idosos, estarão dessa maneira fomentando seu bem-estar psicológico.

O livro de Anna Puig parte deste pressuposto: enquanto suas obras anteriores centravam-se em prevenir e melhorar as capacidades cognitivas, esta trata de conservá-las. Se, para que o corpo se mantenha ativo, é necessário realizar exercícios para prevenir possíveis déficits e aprimorar as funções físicas, o mesmo se pode dizer da mente. Programas desenvolvidos para prevenir, melhorar e manter as capacidades cognitivas têm sido utilizados amplamente nos últimos anos. Ainda que a maioria dessas intervenções vise idosos com deterioração cognitiva, esse tipo de abordagem abriu um vasto campo não apenas em intervenção, como também no estudo da cognição; não podemos nos esquecer do crescente número de idosos que vivem muitos anos com uma boa saúde mental, mas que também manifestam queixas da memória.

Este é o quarto livro da autora. Em todos eles, o tema comum é poupar os idosos de déficits cognitivos mediante a aplicação de programas de intervenção destinados à prevenção, ao treinamento e a manter as capacidades cognitivas em pessoas sãs e não necessariamente apenas nas chamadas idosas, como também em indivíduos mais novos, para conservação da boa forma mental.

Sabe-se que, já há algum tempo, vêm-se implantando programas de psicoestimulação cognitiva, porém sempre dirigidos a pessoas idosas com perdas cognitivas irreversíveis, como no caso de demência; por isso, já é hora de pensarmos nos idosos que desfrutam de boa saúde, com motivação para se envolverem em atividades que lhes tragam satisfação pessoal.

Anna Puig tem uma vasta experiência baseada em seus programas anteriores e nos resultados favoráveis obtidos; o objetivo do presente livro é o de proporcionar exercícios que permitam conservar as funções mentais. A novidade desta obra consiste em proporcionar a oportunidade de adquirir hábitos de conduta adequados para enfrentar o processo de envelhecimento, a partir da idade adulta, para favorecer não apenas a manutenção das funções cognitivas, mas também aumentar a qualidade de vida dos indivíduos, visto que a autora também leva em consideração fatores cognitivos, emocionais, sociais e instrumentais.

O programa é apresentado de forma descontraída e variada, envolvendo a resolução de exercícios de atenção, orientação, memória, linguagem, raciocínio e praxia, trabalhando-se fundamentalmente, desse modo, as capacidades cognitivas básicas. Tais exercícios tanto podem ser solucionados individualmente quanto em grupo.

Os exercícios que nos apresenta a autora são um importante avanço em psicoestimulação cognitiva, sendo uma ferramenta de trabalho indispensável para os psicólogos que trabalham as capacidades cognitivas das pessoas de idade, aplicável tanto aos idosos na comunidade como àqueles institucionalizados, que gozem de boa saúde mental, com o objetivo de mantê-la; nesse sentido, trata-se de um programa muito útil e inovador.

Carme Triadó
Catedrática de Psicologia Evolutiva
Universidade de Barcelona

AGRADECIMENTOS

Agradeço à Dra. Carme Triadó pelo interesse e apoio demonstrados quando realizava meu projeto de tese em seu curso de doutorado, e suas sábias orientações que me conduziram até aqui, com um reencontro com meus primeiros passos no campo da pesquisa, quando a figura do psicólogo era contemplada no âmbito residencial.

Agradeço novamente ao Dr. Gerard Martínez, meu orientador de tese, por suas diretrizes iniciais básicas que, sem dúvida, permitiram esta nova contribuição.

Também agradeço à *Residencia Asistida i Centre de dia de Palafrugell*, à *Residencia Geriátrica Josep Baulida de Llagostera* e à l'*Associació de veïns Carme-Vista Alegre de Girona*, onde foram aplicados esses exercícios e, em especial, o interesse demonstrado por todos os participantes: Carme, Lola, Martí, Rosa, Adelina, Conxita, Teresa, Joan... sempre dispostos a realizar novos exercícios.

Agradeço mais uma vez o apoio incondicional de minha família e principalmente de minha irmã...

INTRODUÇÃO

O presente livro tem o objetivo de proporcionar exercícios variados que permitam manter as funções mentais dos indivíduos interessados.

Todos os exercícios foram administrados para idosos durante um ano na *Residencia Asistida i Centre de dia de Palafrugell*, na *Residencia Geriátrica Josep Baulida de Llagostera* e na *l'Associació de veïns Carme-Vista Alegre de Girona* (todos em Gerunda), tanto em âmbito residencial, em *oficinas de psicoestimulação* realizadas semanalmente nessas instituições, como em *oficinas de memória* para idosos da comunidade. Ambas as oficinas com duração de uma hora.

Os idosos conservados cognitivamente institucionalizados ou em creches geriátricas resolvem esses tipos de exercícios durante as sessões e são fornecidos mais dois exercícios para resolver durante a semana, que são resolvidos no início de cada sessão. Normalmente, os exercícios que são passados como "dever de casa" são mais trabalhosos que os realizados durante as sessões que, em geral, são mais rápidos de resolver.

Os idosos que vivem em suas próprias casas realizam esses exercícios nas *oficinas de memória* semanais, que foram iniciadas há três anos. Decidiu-se introduzir esse tipo de exercício centrado nos processos cognitivos básicos para estudar sua dificuldade ou facilidade em outro âmbito. Certamente sua resolução é muito mais rápida para os indivíduos desse grupo do que para os institucionalizados, ainda que também encontrem certo grau de dificuldade em determinados casos. A resolução correta do exercício, portanto, é mais frequente nesse grupo, o que aumentou sua autoestima. Cabe destacar que os deveres que esse grupo realiza são dirigidos ao aprimoramento da memória e, portanto, não são os mesmos contidos nesta obra (PUIG, 2004).

As aplicações realizadas nos dois âmbitos – institucional e comunitário – nos confirmam o duplo potencial dos exercícios. Isto é, são eficazes tanto quando são administrados em instituições geriátricas como quando são realizados por idosos que vivem em suas próprias casas. Também podem ser praticados por adultos que desejem exercitar suas funções cognitivas preventivamente, da mesma forma que poderiam fazer com a resolução de *caça-palavras*, *palavras cruzadas*, *jogo dos sete erros*... porém, nesse caso, incorporando em sua resolução mais áreas cognitivas e, portanto, mais variedade. Desse modo, podemos adquirir hábitos de conduta adequados para enfrentar o processo de envelhecimento, desde a maturidade com o máximo proveito.

PARTE I
ABORDAGEM TEÓRICA

1 Conceitualização

1.1 Processos cognitivos básicos

Os processos cognitivos básicos por meio dos quais os indivíduos obtêm conhecimento da realidade são a percepção, atenção, orientação, memória, linguagem, raciocínio e praxia.

Inicialmente, os indivíduos obtêm informações do exterior por meio da percepção-atenção. Trata-se de um processo ativo que geralmente requer uma atividade analítica e sintética, em que se destacam umas características essenciais e se inibem outras, que não o são. A atenção, portanto, é um processo seletivo da informação.

A informação pode ser processada e armazenada – por meio da memória – ou então descartada. A memória consiste de três etapas: retenção, armazenamento e recuperação; uma falha em qualquer das três etapas resultaria no esquecimento da informação (POUSADA, 1996). Parece que os problemas de memória dos idosos estão relacionados à atenção, à velocidade e às estratégias de processamento da informação. Graças aos programas de treinamento de memória, é possível acelerar o processamento da informação, reduzir as imprecisões ao lembrar e reverter os déficits na capacidade de inteligência fluida (HOFFMAN; PARIS & HALL, 1996).

Alguns estudos realizados sobre memória sensorial visual indicam que, com o aumento da idade, produz-se um incremento no tempo requerido para identificar um estímulo visual, que se relaciona mais com o processo de atenção e percepção do que com déficits de memória (HULTSCH & DIXON, 1990).

O sistema de signos por meio do qual nos comunicamos é a linguagem, que, por sua vez, permite-nos elaborar pensamentos. Uma forma de pensamento é o raciocínio, dirigido e orientado a resolver um problema específico. Em consequência, a capacidade de falar e o domínio de um idioma proporcionam categorias que permitem conceituar a experiência e socializá-la. A linguagem é muito mais que um simples instrumento de comunicação.

A orientação permite estabelecer referências espaciais. Informa sobre a direção, distância, posição... de determinados objetos ou indivíduos.

Duas características definem a praxia: a intencionalidade do ato e a organização dos movimentos.

Todos esses processos requerem uma manutenção continuada. Os estudos esclarecem que é indicado potencializar e otimizar nossa cognição (BALTES & BALTES, 1990). Diversos autores, Yesavage, Lehr, Stengel... após muitos anos de pesquisa concluíram que, para conseguir um sentimento individual de bem-estar nos últimos anos, os idosos devem manter-se cognitivamente ativos. Certamente a conservação do desenvolvimento mental em idade avançada exige um uso frequente das faculdades e uma exercitação continuada das funções intelectuais.

1.2 A psicoestimulação

Começou-se a empregar o termo psicoestimulação no final da década de 80 do século passado dentro de um contexto de reabilitação em demência (UZELL & GROSS, 1986). De uns tempos para cá, utiliza-se de forma habitual em relação a idosos em creches geriátricas, em instituições e àqueles que vivem em suas próprias casas.

Entendemos por psicoestimulação a estruturação de uma série de atividades neurofuncionais adaptadas, que incidem repetidamente nas capacidades cognitivas residuais, com o objetivo de incrementar os rendimentos cognitivos e funcionais do indivíduo. A estimulação cognitiva comporta a realização de tarefas para ativar e manter as capacidades cognitivas: memória, linguagem, praxia, raciocínio... ao mesmo tempo em que se reforçam as capacidades emocionais e relacionais dos idosos.

O objetivo básico da psicoestimulação cognitiva é favorecer a neuroplasticidade.

Entende-se por neuroplasticidade a resposta dada pelo cérebro para adaptar-se a novas situações e por restabelecer o equilíbrio alterado, quando é produzida uma lesão (GESCHWIND, 1985). Ou seja, produz-se uma regeneração dos neurônios lesionados, ao mesmo tempo em que se estabelecem novas conexões neuronais. Trata-se de um tipo de intervenção organizada e o mais individualizada possível, que está em função do nível de cognição de cada indivíduo.

A avaliação neuropsicológica é o ponto de partida para a elaboração de programas de psicoestimulação. O conhecimento das habilidades cognitivas preservadas de cada indivíduo determinará os objetivos terapêuticos específicos a serem alcançados. Os objetivos principais de qualquer programa de psicoestimulação são:

• *Manter* as habilidades intelectuais conservadas o máximo de tempo possível com a finalidade de preservar a autonomia.

• *Criar* um entorno rico em estímulos que facilite o raciocínio e a atividade.

• *Fortalecer* as relações interpessoais dos indivíduos, evitando a desconexão com o entorno.

Em um contexto de prevenção, definimos a *psicoestimulação cognitiva* como:

"Um tipo de intervenção preventiva que incide sobre as diferentes capacidades cognitivas mediante a apresentação de estímulos específicos, ou seja, exercícios de resolução imediata extrapoláveis às Atividades da Vida Diária, com a finalidade de potencializar e otimizar a cognição" (PUIG, 1999).

Esse tipo de intervenção toma como base o treinamento cognitivo. O objetivo fundamental de qualquer *treinamento cognitivo* é facilitar ao indivíduo o uso efetivo de estratégias para a resolução de tarefas intelectuais. Essas tarefas avaliam a habilidade que se pretende estudar. O material de treinamento consiste em tarefas semelhantes, não iguais, às presentes, um teste de domínio da habilidade treinada. As técnicas utilizadas nesse tipo de programa são a *modelagem*, o *reforço* e a *prática*. Os pioneiros do treinamento cognitivo foram os psicólogos da aprendizagem: Wetherick (1966) e Arenberg (1968) demonstraram que por meio de princípios operantes podem-se treinar diferentes habilidades complexas em idosos.

Existem múltiplos estudos nos quais se utilizou o treinamento para obter uma melhora cognitiva, e está comprovado que não só se obtêm melhoras nos indivíduos que apresentam um déficit cognitivo, mas que os indivíduos estabilizados cognitivamente também melhoram seu rendimento com o treinamento cognitivo (WILLIS & SCHAIE, 1986; MOLLY et al., 1988; HILL et al. 1989).

2 Aspectos metodológicos

2.1 Justificativa para exercícios para manter a cognição

O processo de envelhecimento geralmente comporta uma diminuição da capacidade sensorial e da memória – especialmente de memória recente –, a alteração da capacidade de coordenação, uma redução da velocidade de resposta e a alteração na inteligência fluida, entre outras (CATTEL & HORN, 1978; HORN, 1982; FERNÁNDEZ-BALLESTEROS et al. 1992). Todas essas perdas, em suma, representam uma desadaptação ao meio e uma redução generalizada de qualquer forma de atividade física ou mental do idoso.

Contudo, essas mudanças que os indivíduos experimentam durante o ciclo vital nem são homogêneas, nem afetam de maneira igual todos eles. Ou seja, há uma importante porcentagem de indivíduos que não sofrem essas perdas, e, se o fazem, é de uma forma muito leve (FERNÁNDEZ-BALLESTEROS, 1997).

Diversos fatores podem incidir na deterioração das funções cognitivas. Saúde frágil, educação parca, presença de algum tipo de patologia, hábitos nocivos, perda de *status* (aposentadoria, viuvez...), entre outros, podem interferir na manifestação adequada das funções intelectuais (MONTORIO, 1994; SCHMIDT; BERG & DEELMAN, 2000). Da mesma forma, parte da diminuição cognitiva pode ser atribuída também a uma falta de estimulação cognitiva. Ou seja, o rendimento intelectual está em função de variáveis biopsicossociais e, em consequência, quanto maior a confluência de *handicaps* em um mesmo indivíduo maior a probabilidade de perda cognitiva.

Existem provas empíricas que determinam que o *estilo de vida* é o determinante mais importante da saúde e doença dos indivíduos. No estilo de vida, pode-se incluir o grau que o indivíduo realiza habitualmente atividades cognitivas como palavras cruzadas ou caça-palavras, jogar xadrez... que parece ser um fator protetor da saúde mental. Em consequência, o estilo de vida é um conceito-chave para o fomento da saúde e da prevenção da doença.

Pesquisas realizadas ao longo dos anos demonstram que o cérebro humano na velhice conserva níveis indeterminados de *modificabilidade ou reserva* passíveis de serem ativados através de intervenções ambientais adequadas (BALTES & WILLIS, 1982). De fato, a modificação no rendimento intelectual através de intervenções cognitivas pode ser realizada em qualquer momento da vida de uma pessoa.

A capacidade de reserva cognitiva ou plasticidade cognitiva é a capacidade de aprender informação, estratégias ou habilidades que compensem déficits cognitivos prévios. Nos idosos, o rendimento intelectual é facilmente *modificável* por meio de tratamentos de conduta a curto prazo, já que a intervenção dessa perda é *reversível* (PLEMONS; WILLIS & BALTES, 1978). Um exemplo disso são os múltiplos programas desenvolvidos para melhorar o rendimento cognitivo dos idosos que se provaram eficazes (BLIESZENER; WILLIS & BALTES, 1981; WILLIS; BLIESZENER & BALTES, 1981).

2.2 Objetivos de exercícios para manter a cognição

Os objetivos de *exercícios para manter a cognição* são:

Objetivos gerais

• Preservar a autonomia do indivíduo aproveitando a utilização de seus recursos.

• Aumentar a qualidade de vida dos indivíduos.

Objetivos específicos

Cognitivos

• Manter as funções cognitivas em adultos e idosos conservados cognitivamente.

Emocionais

• Reduzir a ansiedade provocada pelas falhas cognitivas.

• Aumentar a autoestima do indivíduo.

Sociais

• Favorecer a comunicação entre os participantes.

Instrumentais

• Transferir os mecanismos ativados durante as sessões às atividades da vida cotidiana (ROTROU, 1985; ISRAËL, 1988).

3 Características de exercícios para manter a cognição

Exercícios para manter a cognição pretende ser um instrumento que facilite o exercício mental de uma forma divertida e variada. São apresentados 156 exercícios de dificuldade crescente que incidem em diferentes funções cognitivas: atenção, orientação, memória, linguagem, raciocínio e praxia. A distribuição dos exercícios não segue um padrão fixo, as áreas mais trabalhadas são a atenção e a linguagem; não se insiste muito em praxia, já que implica a resolução dos exercícios. São 38 exercícios de atenção, 22 de orientação, 25 de memória, 29 de linguagem, 20 de raciocínio, 10 de praxia, 5 de associação, 3 de organização, 2 de cálculo e 2 de abstração.

4 Forma de administração

4.1 Administração grupal

4.1.1 Procedimento

A forma de aplicar *Exercícios para manter a cognição* é a seguinte:

1) Recomenda-se, inicialmente, a realização de uma entrevista pessoal para obter informação sobre o nível cultural do indivíduo a fim de que se possa prever se o nível dos exercícios será exequível para ele, ou se será necessário efetuar modificações, simplificando ou complicando o nível dos itens. E também com o objetivo de administrar um instrumento de *screening* que nos dará informação sobre o nível cognitivo do indivíduo. O instrumento de *screening* a ser empregado pode ser o Miniexame Cognoscitivo (LOBO, 1979), que servirá para selecionar aquelas pessoas que não apresentam diminuição cognitiva.

2) É preferível que os grupos não superem o número de oito ou nove idosos, para facilitar a intervenção. Recomenda-se formar grupos homogêneos em função do nível de memória que apresentem e de sua idade, ainda que isso geralmente seja muito difícil de conseguir.

3) *Exercícios para manter a cognição* pode ser aplicado semanalmente. Durante as sessões, dois ou três exercícios são solucionados e mais dois podem ser passados como "dever de casa" para serem resolvidos durante a semana.

4) Na primeira sessão, é conveniente enfatizar horário, duração e frequência das sessões e importância da presença continuada dos indivíduos para favorecer a eficácia das sessões.

5) É muito importante a felicitação a cada instante pelos acertos obtidos, pois se se transmite regularmente a sensação de sucesso, reforça-se a motivação para a exercitação das funções cognitivas.

6) Depois de aproximadamente nove meses ou um ano, administra-se pela segunda vez as mesmas questões iniciais com o intuito de observar se houve uma melhora cognitiva.

4.1.2 Desenvolvimento das sessões de psicoestimulação

Cada uma das sessões de psicoestimulação se desenvolve da seguinte forma:

1) Começa-se saudando a todos, interessando-se em saber como estão. É importante estabelecer uma boa relação com eles.

2) Na primeira sessão, apresenta-se a todos os membros do grupo. Em seguida, explica-se o assunto e o motivo das sessões. Depois, passa-se à realização dos exercícios nas ordem estipulada.

3) A sessão é iniciada com o seguinte procedimento:

- Escolhem-se os exercícios a serem desenvolvidos durante a sessão e reservam-se dois, mais trabalhosos, como dever de casa para serem realizados durante a semana.

- Cada indivíduo recebe o exercício a ser realizado; todos resolvem o mesmo. Recomenda-se imprimir o exercício em tamanho grande para facilitar o registro da informação visual dos participantes.

• Pede-se que leiam o enunciado para saber o que devem fazer e se tiverem alguma dificuldade de compreensão, explica-se o exercício para que possam resolver.

• Deve-se comentar a dificuldade que o exercício apresenta e, se necessário, responder às dúvidas que forem surgindo, evitando-se, entretanto, dar a solução.

• Dá-se uma margem de tempo para a resolução do exercício, que geralmente é calculada pelo tempo que a maioria dos idosos que já o completou gastou para solucioná-lo; para aqueles com mais dificuldade, dá-se dicas para ajudá-los a completar o exercício de forma correta.

4) Durante a realização de cada tarefa é conveniente:

• Reforçar as condutas que levem à solução.

• Evitar a ridicularização dos companheiros diante de uma tarefa incorreta.

• Minimizar qualquer situação de fracasso que se apresente. É necessário que eles entendam que cada pessoa tem mais facilidade para um determinado tipo de tarefa do que para outra.

• Eliminar a todo instante os bloqueios que possam surgir.

• Considera-se desnecessário estimular a competitividade entre os companheiros, já que criaria rivalidade.

5) É necessário criar um clima de tranquilidade em que impere a superação pessoal e a colaboração entre os companheiros para se obterem bons resultados.

6) Uma vez que tenham resolvido o exercício, comenta-se qual é a solução correta e pede-se que escrevam na parte inferior da folha a data e o nome.

7) Finalmente, passa-se a cada indivíduo dois exercícios para serem resolvidos durante a semana e solicita-se o comparecimento de todos na semana seguinte.

4.2 Administração individual

Exercícios para manter a cognição podem ser realizados também de forma individual. São apresentados em conjunto e vão sendo resolvidos semanalmente de cinco em cinco. Na parte superior de cada página, passam-se as instruções necessárias para se resolver o exercício e, no final do livro, encontram-se as resoluções de todos eles para a verificação das soluções corretas. Recomenda-se realizar os exercícios semanalmente, da maneira indicada, para gerar hábitos de conduta.

Recomendações

• Recomenda-se começar o livro do princípio e continuar até o final para se conseguir um treinamento ótimo; não pule os exercícios que não são de seu agrado ou que representem muita dificuldade.

• A eficácia é alcançada realizando-se cinco exercícios semanais, tanto para aquelas pessoas que participam de uma oficina de psicoestimulação de forma semanal, como para aquelas que simplesmente utilizam este livro para melhorar suas funções cognitivas.

• É importante que se gaste tempo com os exercícios apresentados, pois se alguns deles são de rápida solução, outros são para ser trabalhados durante a semana, permitindo uma elaboração mais profunda e, por conseguinte, uma maior otimização de nossos recursos.

• Busque um lugar tranquilo que lhe permita concentrar-se com facilidade. Tente resolver os exercícios apresentados como são expostos. Se olhar a tarefa antes de memorizar o exercício apresentado, lembre-se de que não estará realizando o esforço necessário, portanto, não se apresse.

• É importante realizar o exercício em função de sua capacidade. Se precisar de mais tempo do que o indicado, não hesite em gastá-lo.

• Observe que, à medida que vai resolvendo os exercícios, cada vez necessitará de menos tempo para realizá-los.

• Você pode resolver os exercícios propostos no próprio livro, com um lápis. Os exercícios são apresentados em letras grandes para facilitar a leitura para idosos com dificuldades visuais.

• No final do livro, encontram-se as soluções; consulte-as apenas quando tiver resolvido o exercício e desejar verificar se está correto.

• Se errar, não se preocupe; se considerar oportuno, no caso de custar demasiadamente a resolver um exercício, depois que consultar a solução, volte a fazê-lo.

4.3 Descrição e reação dos participantes

Exercícios para manter a cognição foi introduzido inicialmente na *Residencia Asistida i Centre de dia de Palafrugell*, depois na *Residencia Geriátrica Josep Baulida de Llagostera* e, finalmente, na *l'Associació de veïns Carme-Vista Alegre de Girona*, todos em Gerunda.

Em todos os grupos, antes da resolução dos exercícios, administrou-se o *Miniexame Cognoscitivo (MEC)* (LOBO, 1979) e, um ano depois da intervenção, voltou-se a administrá-lo para avaliação dos efeitos. Nos resultados obtidos após a intervenção, observa-se uma melhora considerável na maioria dos participantes, o que vem demonstrar a eficácia da intervenção.

Na *Residencia Asistida i Centre de dia de Palafrugell*, formou-se um grupo de psicoestimulação com dez indivíduos, cuja média de idade era de 82 anos, a maioria deles com o curso primário incompleto. Com média de admissão na creche geriátrica de quatro anos, todos eles avaliaram a experiência positivamente, ainda que algumas das tarefas não fossem de seu agrado devido à dificuldade pessoal que encontraram (alguns com cálculo, outros com atenção por problemas visuais...). Ao fim das sessões, deveres de casa eram passados para serem realizados durante a semana: dois exercícios, que entregavam na semana seguinte, já resolvidos, e que eram corrigidos conjuntamente no início da sessão.

Posteriormente, os exercícios foram introduzidos na *Residencia Geriátrica Josep Baulida de Llagostera*. Formou-se um grupo de psicoestimulação com sete indivíduos, cuja média de idade era de 86 anos. Alguns deles com curso primário e outros com primário incompleto, com média de admissão na instituição de dois anos. Todos eles manifestaram interesse em participar das sessões e resolver os deveres.

Finalmente, *Exercícios para manter a cognição* foi introduzido na l'*Associació de veïns Carme-Vista Alegre de Girona*. Trata-se de um Centro Social de formação recente, que surgiu de uma necessidade do bairro, onde se reúnem crianças, jovens e idosos; lá, organizam-se excursões, festas, concertos, exposições... joga-se baralho... e realizam-se diversas atividades como: exercícios físicos para adultos, bocha, ioga, bordados, aulas de violão, canto coral, dança de salão, ponto-de-cruz e treinamento da memória.

A média de idade dos indivíduos do grupo era de 77 anos, composto por cinco mulheres (duas delas viúvas), com curso primário incompleto, que costumavam trabalhar fora, geralmente faziam excursões, reuniam-se com regularidade no centro para jogar cartas e, no início, apresentavam diminuição da memória recente. Esse grupo realizava *Oficinas de memória* semanalmente há três anos; introduziu-se *Exercícios para manter a cognição* durante as sessões.

No geral, a atividade em grupo permitiu que os indivíduos comparassem sua situação pessoal, ao mesmo tempo em que constituiu um estímulo para a utilização de recursos e estratégias. Tudo isso refletiu beneficamente na autoestima dos participantes.

PARTE II
EXERCÍCIOS PARA
MANTER A COGNIÇÃO

1. **Atenção:** localize o número 1. Em seguida, trace uma linha reta do ponto 1 ao ponto 2, do ponto 2 ao ponto 3, e assim sucessivamente até o ponto 80. Quando terminar, qual é o animal revelado?

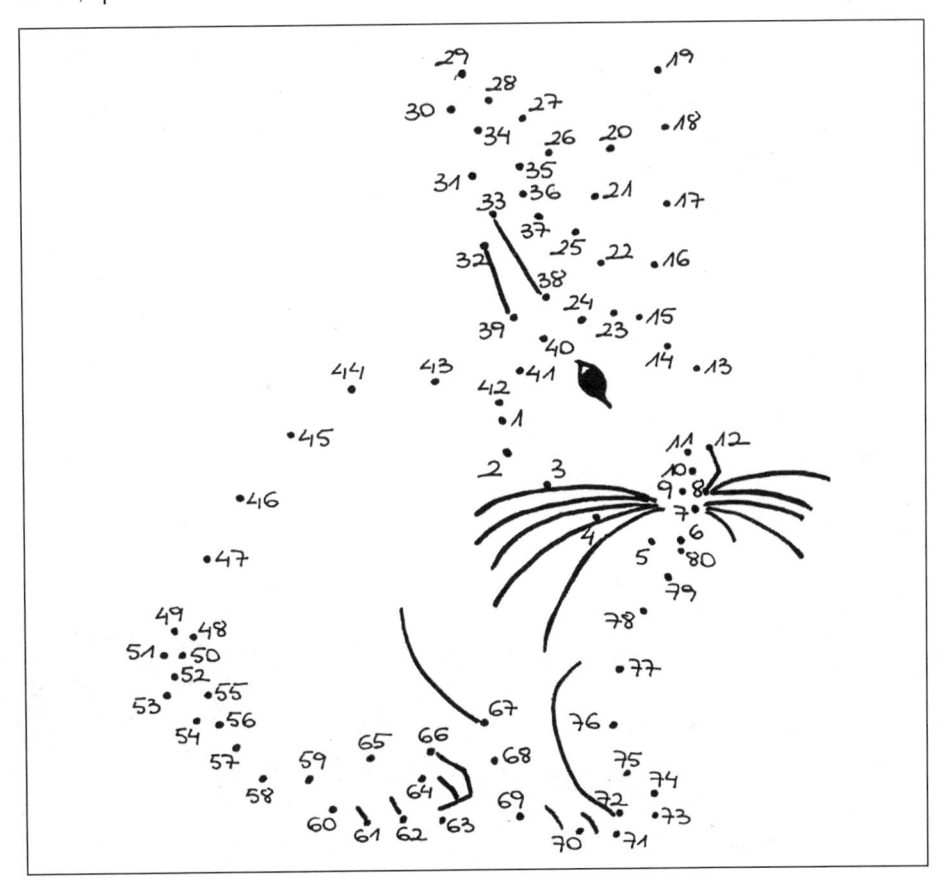

2. Orientação: sombreie os mesmos círculos do quadro superior no quadro inferior, assegurando-se de que estejam no mesmo lugar.

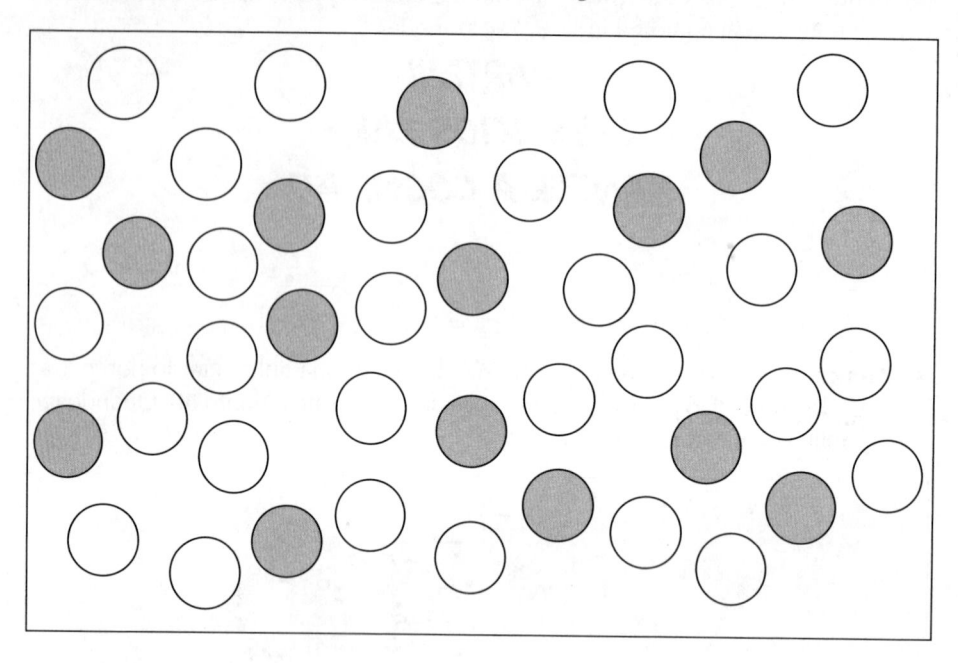

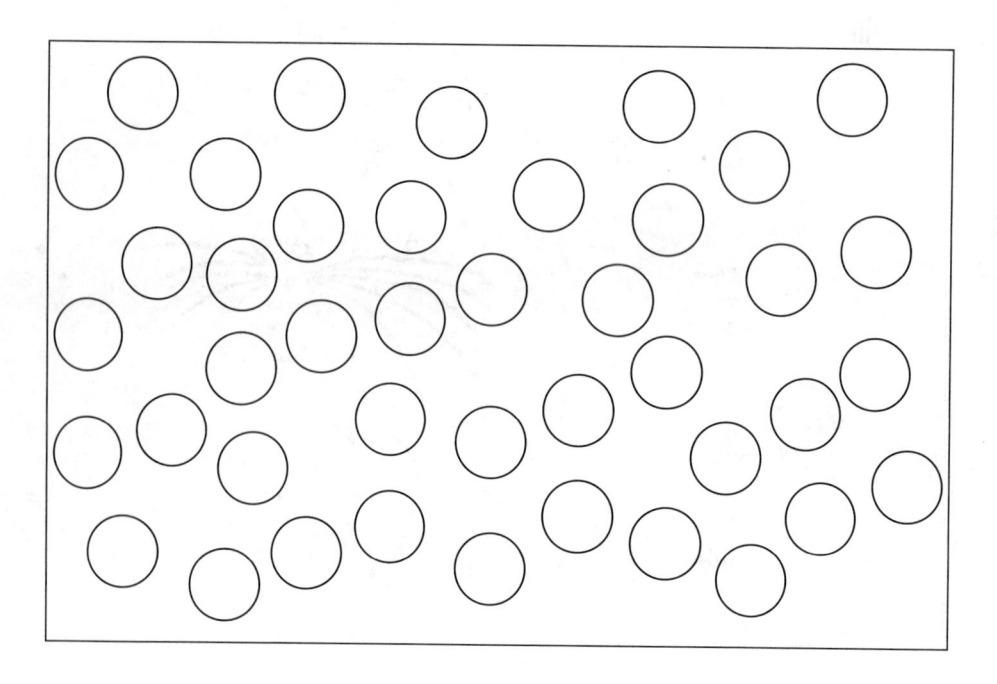

3. Associação: memorize o modelo, associando cada barco a seu número correspondente. Depois, da esquerda para a direita, escreva abaixo de cada barco seu respectivo número, tal como foi indicado pelo modelo.

Modelo

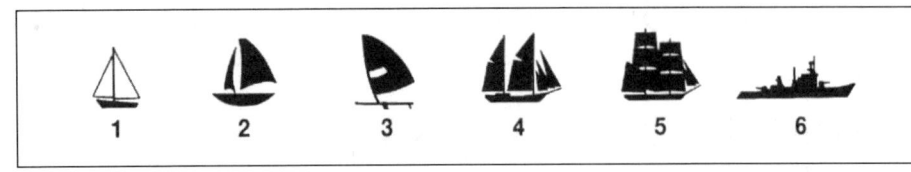

4. Atenção: encontre os únicos quatro número, entre 1 e 64, que não aparecem no diagrama. Escreva-os nos quadradinhos finais em branco.

1	38	31	59	8	46	41	17
49	23	5	19	55	27	3	60
10	44	42	52	11	58	16	36
51	14	33	24	39	30	62	9
43	29	21	2	20	6	40	57
22	18	50	45	35	25	4	53
34	64	12	56	15	47	26	63
7	48	37	28				

5. **Memória:** escreva o nome de 20 frutas diferentes.

Pera...

6. Raciocínio: agrupe estrelas de cinco em cinco separando-as por linhas, como é mostrado. Quantas estrelas restam sem agrupar?

7. **Praxia:** copie os símbolos da esquerda nos quadrados de sua respectiva fileira.

♥							
♣							
♠							
♦							
♪							
%							
&							
@							
$							
©							
Ø							

8. Memória: leia atentamente as palavras do quadro e tente memorizá-las. Em seguida, vire a folha e escreva o máximo de palavras que conseguir se lembrar.

9. **Orientação:** use como ponto de referência seu próprio corpo. Escreva a letra que se repete na palavra **RARO** dentro do quadrado à direita. Escreva o resultado da conta **41 + 32** dentro do quadrado inferior. Escreva a primeira letra do alfabeto dentro do quadrado à esquerda. Escreva as duas consoantes do nome **JOSÉ** dentro do quadrado do centro. Escreva o resultado da conta **13 - 9** dentro do quadrado à direita. Escreva a letra que vem antes de **Q** no alfabeto dentro do quadrado à esquerda. Escreva o resultado da conta **27 - 18** no quadrado inferior. Escreva a letra que vem depois de **L** no alfabeto dentro do quadrado superior. Escreva o resultado da conta **5 x 8** dentro do quadrado central. Escreva a segunda consoante do alfabeto dentro do quadrado superior. Escreva o resultado da conta **3 x 7** dentro do quadrado à esquerda. Escreva a metade de **76** no quadrado superior.

10. **Atenção:** qual é o objeto que mais se repete? Indique quantos há de cada um deles.

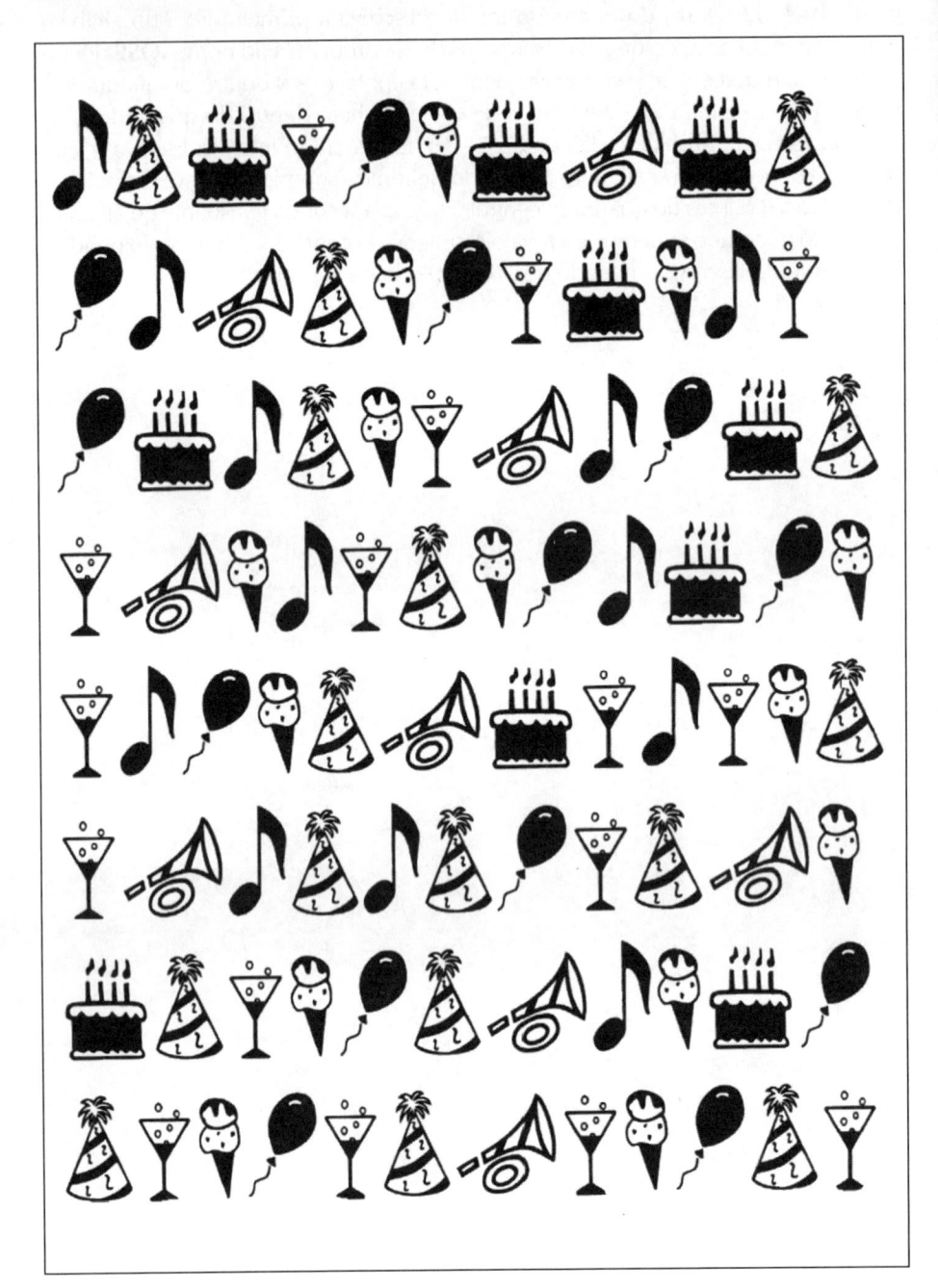

11. Raciocínio: ordene os numerais de cada fileira *do menor para o maior*. Coloque os números nos quadros inferiores.

- 89 - 67 - 34 - 62 - 56 - 43 - 13 - 78 - 81 - 72

- 19 - 87 - 65 - 22 - 80 - 29 - 42 - 92 - 74 - 36

- 75 - 39 - 85 - 62 - 93 - 28 - 15 - 33 - 47 - 66

- 63 - 43 - 36 - 69 - 34 - 56 - 96 - 71 - 65 - 17

- 43 - 35 - 51 - 39 - 47 - 58 - 67 - 41 - 32 - 62

- 91 - 65 - 73 - 94 - 78 - 63 - 75 - 98 - 71 - 95

12. Orientação: siga as seguintes instruções. Insira os símbolos nas coordenadas correspondentes, guiando-se pela letra e pelo número para encontrar o quadrado indicado. Por exemplo: para 1E → ●, marque:

3E → ☉	6A → ※	7C → ✚	4G → ☾
5F → ⬤	1G → ⑧	7E → ✓	8B → ◈
4D → ✕	6H → ✦	2B → ③	9F → ✳

	A	B	C	D	E	F	G	H
1					●			
2								
3								
4								
5								
6								
7								
8								
9								

13. **Atenção:** marque somente os grupos de figuras nos quais se encontrem juntos um quadrado, um círculo e um losango ↓

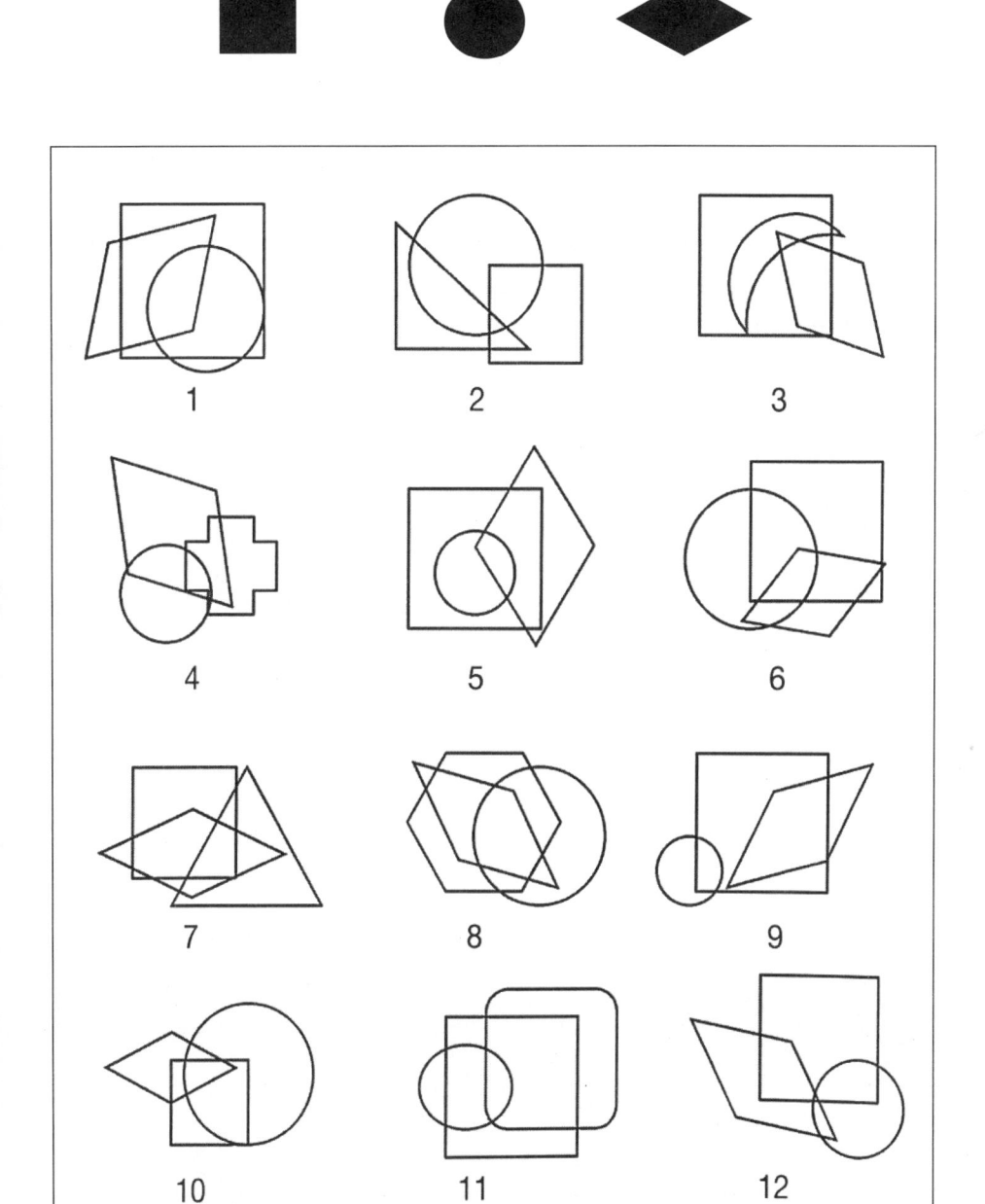

14. **Memória:** descreva como é feita uma omelete de batatas.

Objetos necessários:

Procedimento:

15. Linguagem: escreva palavras de cinco letras; coloque uma letra em cada quadrado.

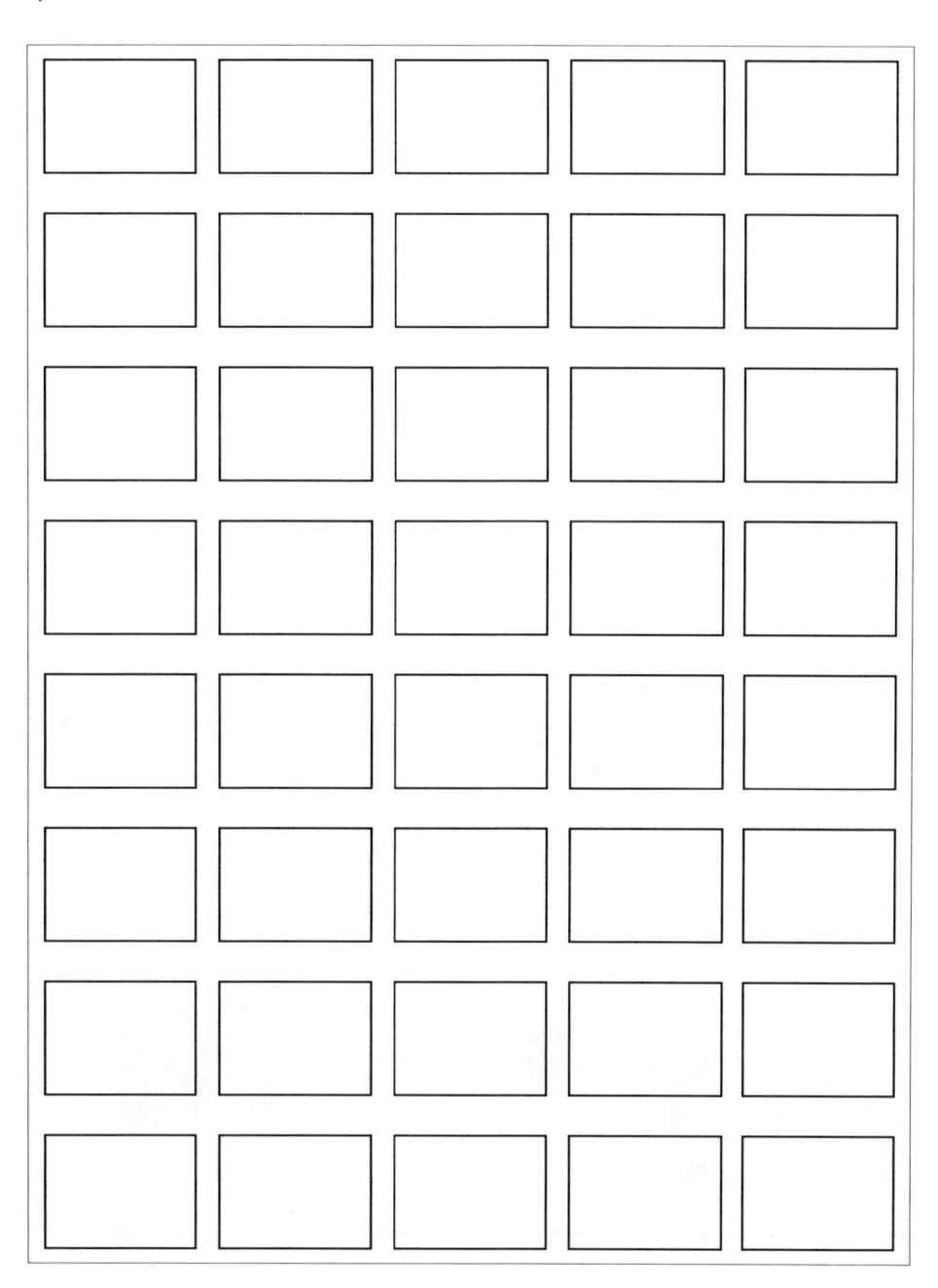

16. **Atenção:** indique quais imagens são exatamente iguais.

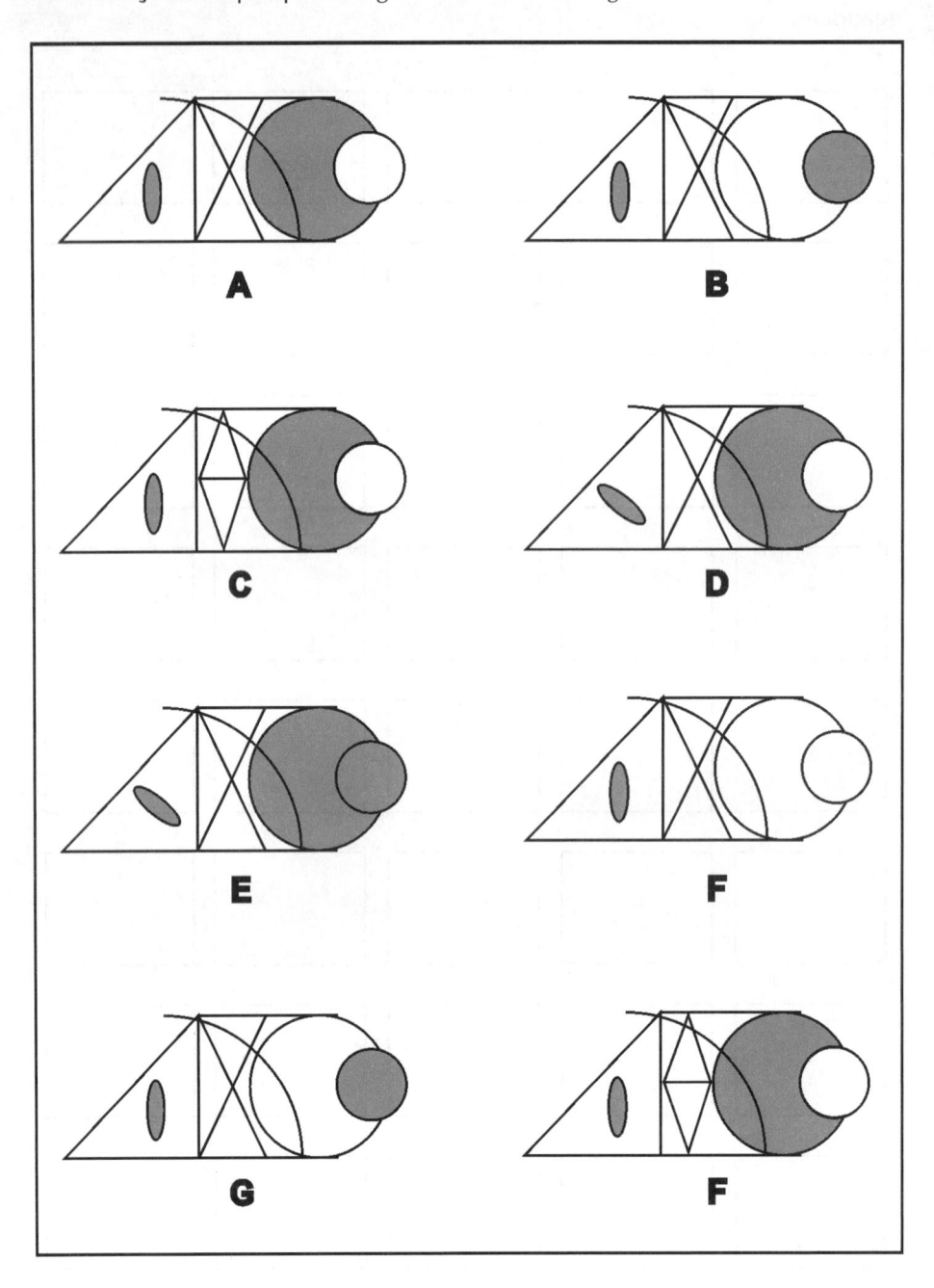

17. **Memória:** escreva o nome de 25 verduras e hortaliças diferentes.

Alface...

18. **Cálculo:** resolva as seguintes operações numéricas:

a) $9 + 8 + 7 - 4 + 6 - 8 - 4 + 9 + 5 - 3 =$

b) $8 + 3 + 5 - 4 + 9 + 2 - 7 + 3 + 6 - 9 =$

c) $2 + 7 + 9 - 6 + 4 - 8 + 3 + 7 - 8 + 4 =$

d) $5 + 3 + 6 + 2 - 9 - 6 + 5 + 8 - 3 - 4 =$

e) $7 + 6 + 7 - 8 + 5 - 3 + 8 - 9 - 5 + 6 =$

f) $6 + 9 + 5 - 4 - 7 + 6 + 3 + 7 - 8 - 5 =$

g) $4 + 7 + 8 + 3 - 9 - 5 - 6 + 3 + 7 + 9 =$

h) $2 + 4 + 7 + 5 - 8 - 4 - 3 + 6 + 6 + 7 =$

i) $9 + 5 + 2 - 4 + 5 - 6 + 9 - 8 + 3 - 5 =$

19. **Linguagem:** escreva 35 palavras que comecem com **"Fe"**:

*Fe*liz, *fe*ira...

20. Atenção: indique quantas mãos diferentes do modelo há no quadro inferior.

21. **Praxia:** sombreie com um lápis todas as peças que contêm um ponto e você obterá a silhueta de um objeto.

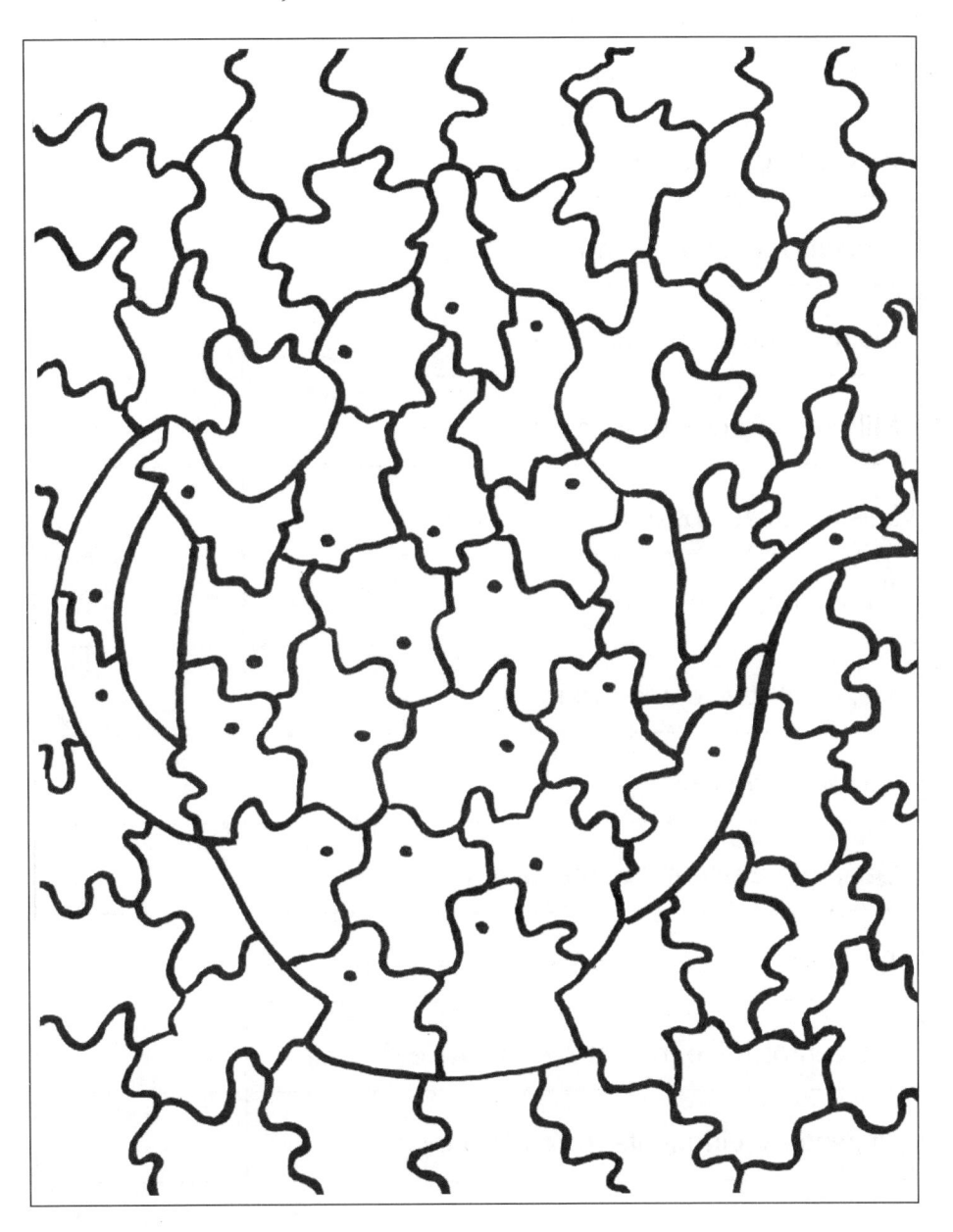

22. **Raciocínio:** escreva os seguintes números nos retângulos da direita.

Setecentos e cinquenta e oito	
Novecentos e quatro	
Trezentos e oitenta e nove	
Quatrocentos e setenta e seis	
Mil quinhentos e trinta e um	
Seis mil duzentos e quarenta e sete	
Vinte e oito mil e vinte	
Treze mil setecentos e dois	
Setenta e dois mil	
Quarenta e sete mil e setenta e três	
Trezentos e dezessete mil e trinta e quatro	
Setecentos mil e trezentos e oitenta e dois	
Duzentos e cinquenta mil e trinta e cinco	

23. **Linguagem:** complete as frases a seguir:

• O dia amanheceu _____

• A casa era _____

• O cachorro _____ no jardim.

• A _____ ecoava na rua.

• Meu _____ virá para a _____

• Hoje estou _____

• Rapidamente _____

• Ontem _____

• Amanhã _____

• Fui fazer _____

• Gostaria de _____ e _____

• Prefiro _____ a _____

• A maioria _____ pensa que _____

• Na Catalunha _____

24. **Memória:** leia atentamente as palavras do quadro e tente memorizá-las. Em seguida, vire a folha e escreva o máximo de palavras que conseguir se lembrar.

25. **Atenção:** cada nome feminino está unido a um nome masculino. Indique os pares:

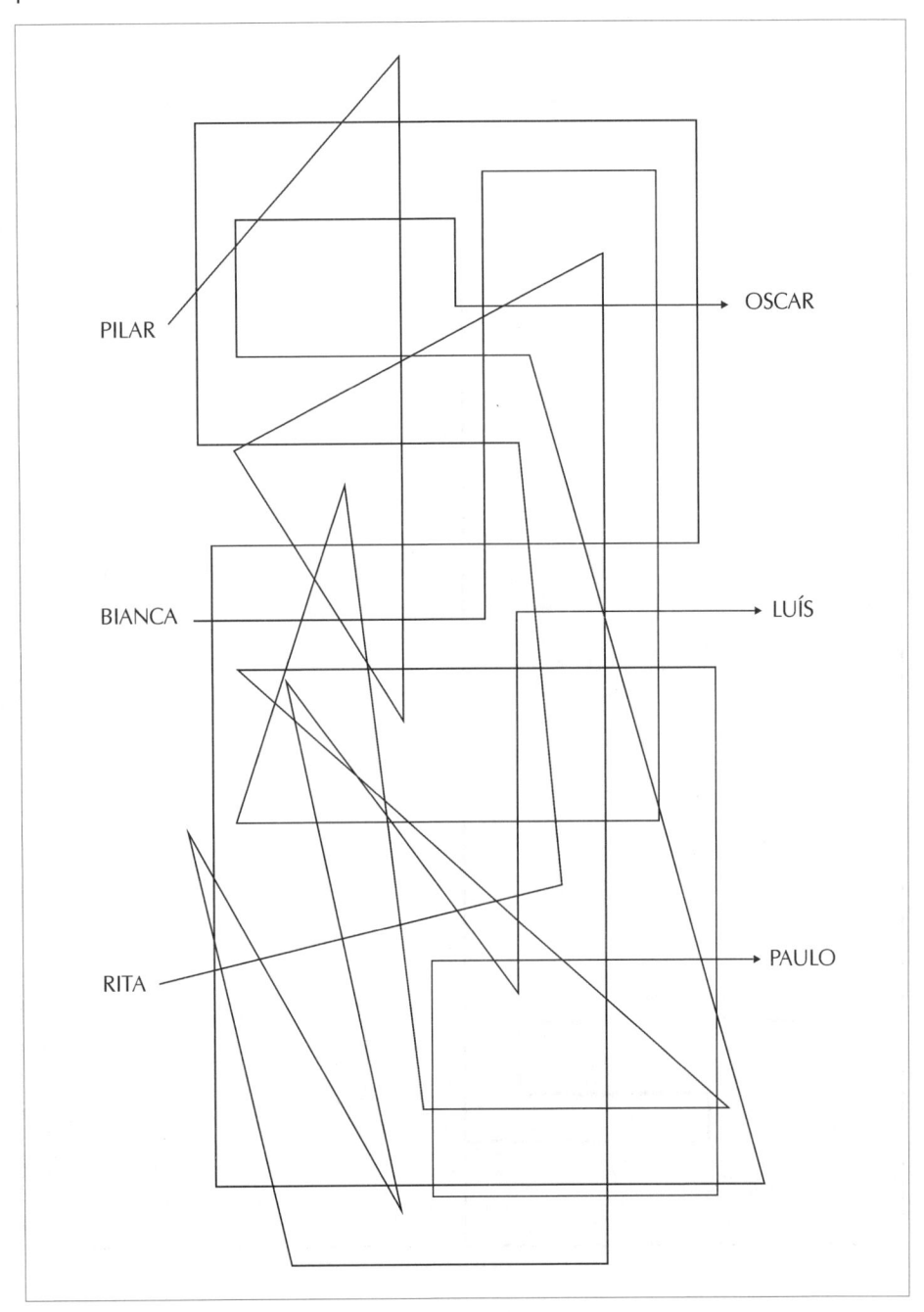

26. Orientação: copie, simetricamente, o seguinte desenho no retângulo da direita. Reproduza-o como se houvesse um espelho na linha central que separa os dois retângulos.

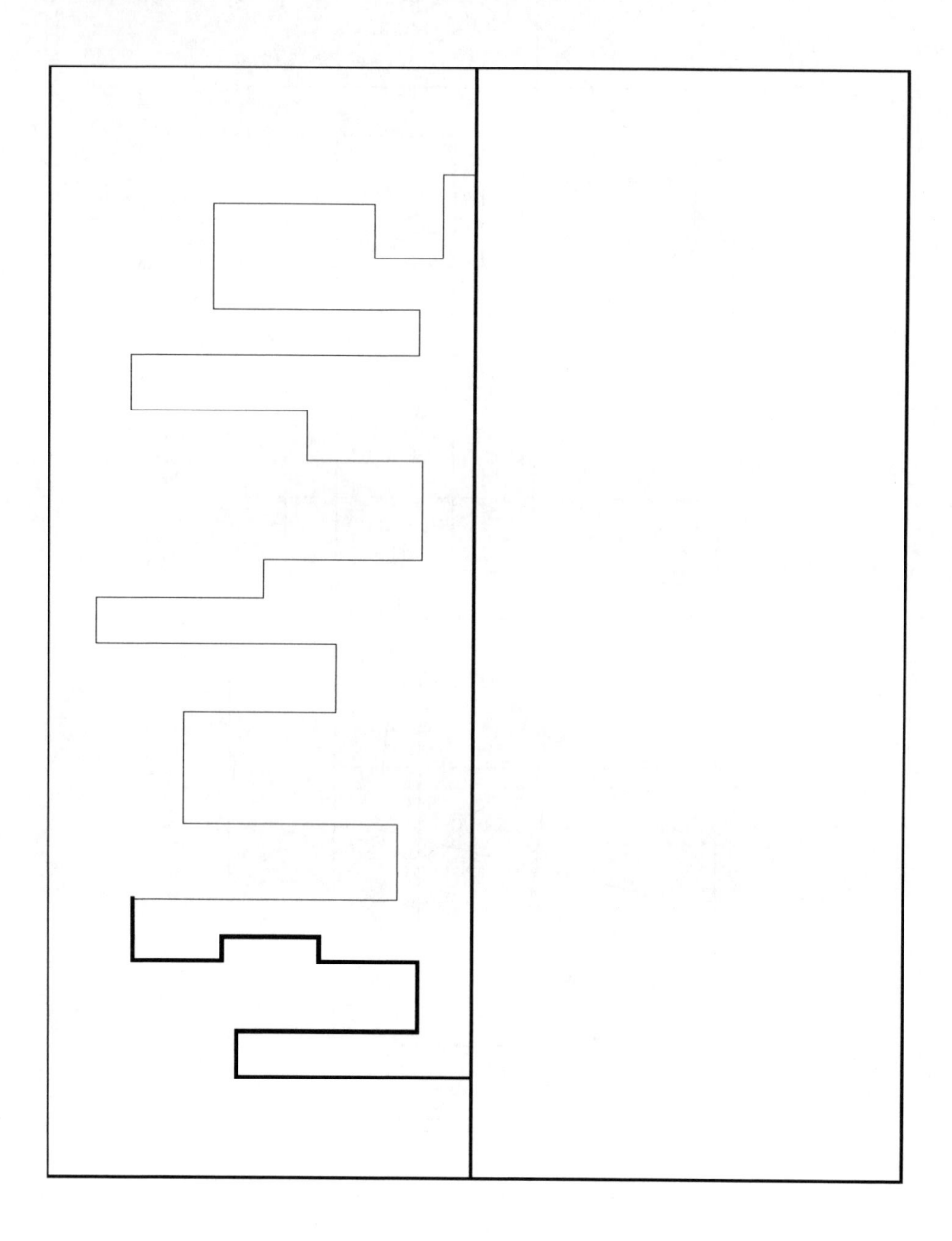

27. **Linguagem:**

- Escreva 10 palavras de 4 letras que comecem com a letra "**D**":
Dado...

- Escreva 10 palavras de 5 letras que comecem com a letra "**D**":
Dente...

- Escreva 10 palavras de 6 letras que comecem com a letra "**D**":
Destro...

- Escreva 10 palavras de 7 letras que comecem com a letra "**D**":
Destino...

- Escreva 10 palavras de 8 letras que comecem com a letra "**D**":
Delicado...

28. Atenção: quantas vezes cada capital se repete? Anote no quadro inferior e some o total.

Paris, Atenas, Tóquio, Lisboa, Londres, Viena, Pequim, Cairo, Bruxelas, Paris, Roma, Londres, Paris, Bruxelas, Atenas, Paris, Londres, Tóquio, Viena, Pequim, Roma, Lisboa, Bruxelas, Viena, Tóquio, Bruxelas, Londres, Paris, Viena, Cairo, Londres, Pequim, Paris, Atenas, Tóquio, Bruxelas, Lisboa, Atenas, Viena, Tóquio, Roma, Lisboa, Paris, Pequim, Paris, Bruxelas, Londres, Pequim, Atenas, Londres, Tóquio, Cairo, Viena, Roma, Lisboa, Paris, Bruxelas, Roma, Londres, Atenas, Lisboa, Pequim, Londres, Viena, Paris, Tóquio, Cairo, Roma, Bruxelas, Lisboa, Londres, Bruxelas, Cairo, Tóquio, Roma, Pequim, Atenas, Roma, Cairo, Pequim.

CAPITAIS	REPETIÇÕES
Paris (França)	
Bruxelas (Bélgica)	
Lisboa (Portugal)	
Londres (Inglaterra)	
Atenas (Grécia)	
Pequim (China)	
Cairo (Egito)	
Tóquio (Japão)	
Roma (Itália)	
Viena (Áustria)	
TOTAL de capitais	

29. **Memória:** escreva o nome de 30 peças de vestuário diferentes:

Gravata...

30. Linguagem: escreva o oposto de cada um dos termos das colunas utilizando apenas uma palavra.

Rir →	Carregar →
Norte →	Duro →
Subir →	Fazer →
Céu →	Divertido →
Esticar →	Falar →
Proibir →	Amar →
Pegar →	Construir →
Sonho →	Limpar →
Pendurar →	Tranquilo →
Comprar →	Culto →
Rápido →	Sensível →
Suave →	Proteger →

31. **Orientação:** siga as seguintes indicações: partindo da flecha situada na parte superior direita, trace linhas retas de ponto a ponto. Trace sete pontos à esquerda, três para baixo, oito à esquerda, quatro para cima, um à esquerda, dez para baixo, nove à direita, três para cima, seis à esquerda, dois para cima, onze à direita, sete para baixo, dois à esquerda, cinco para cima, dois à esquerda, sete para baixo, três à esquerda e dois para baixo.

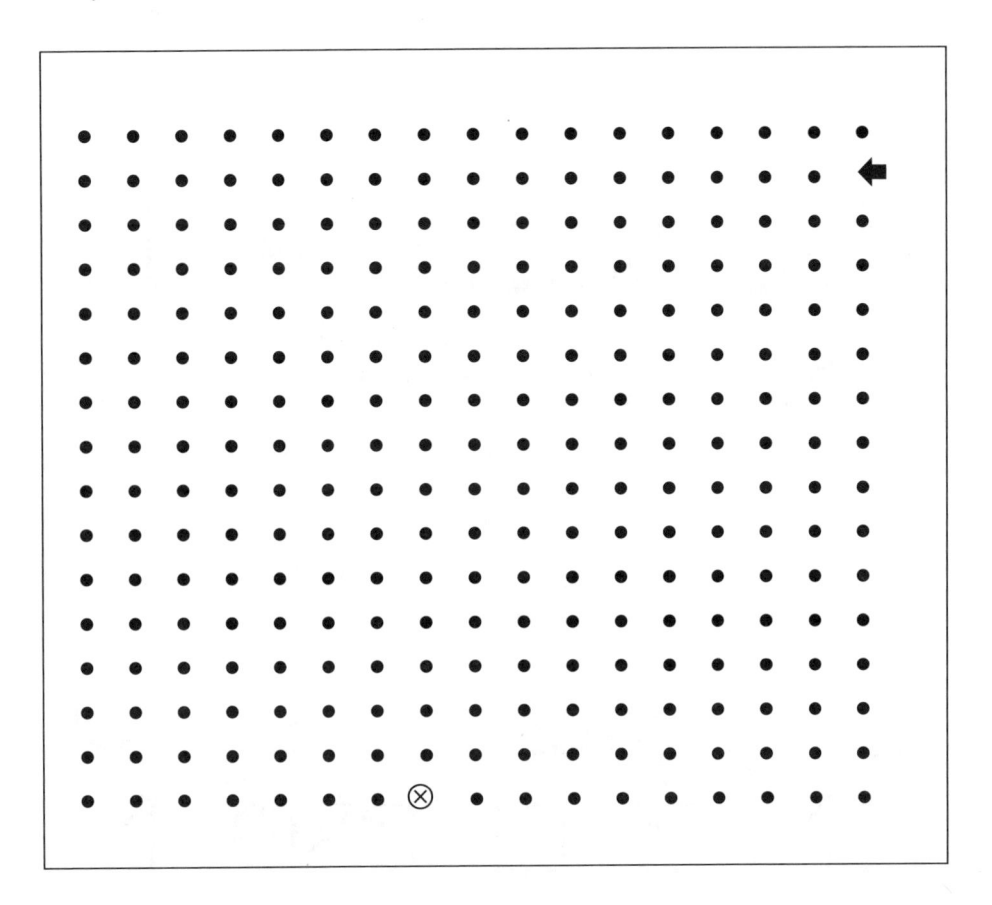

32. Raciocínio: complete as figuras que faltam tendo como referência o modelo; note que as figuras sempre seguem a mesma ordem.

Modelo

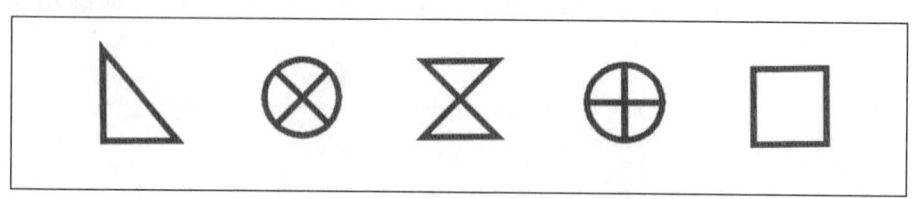

33. **Linguagem:** escreva uma frase ou história curta com palavras de um mesmo grupo:

Exemplo

REUNIÃO – DISCUSSÃO – GATO – SALA
Na reunião, originou-se uma discussão motivada por um gato que entrou na sala.

FLORES – REFRESCO – SÁBADO – SOMBRINHA

TÊNIS – CINEMA – VENTO – SEMÁFORO

PAULA – DENTISTA – CANÇÃO – SOBRE

HOTEL – POLÍTICO – FOTÓGRAFO – CHUVA

34. Associação: memorize um modelo, associando, para isso, cada carro com seu número correspondente. Em seguida, escreva da esquerda para a direita seu respectivo número embaixo de cada carro, conforme indicado:

Modelo

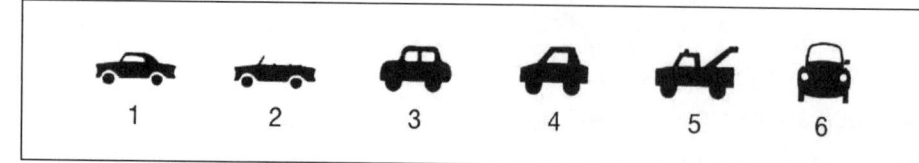

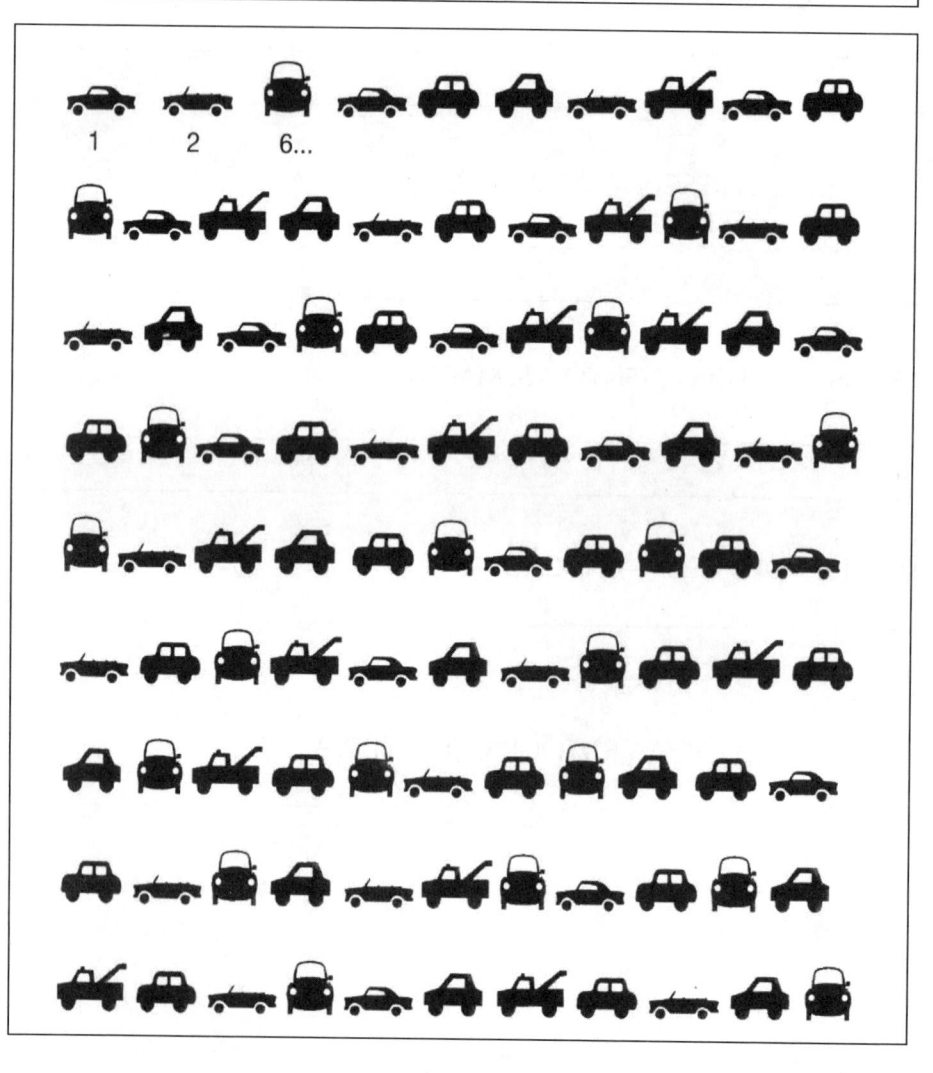

35. Praxia: copie o modelo seguinte, com todos os detalhes, no quadro inferior.

Modelo

36. Atenção: localize o número 1. Em seguida, trace uma linha reta do ponto 1 ao ponto 2, do ponto 2 ao ponto 3, e assim sucessivamente até o ponto 95. Quando terminar, qual é o animal revelado?

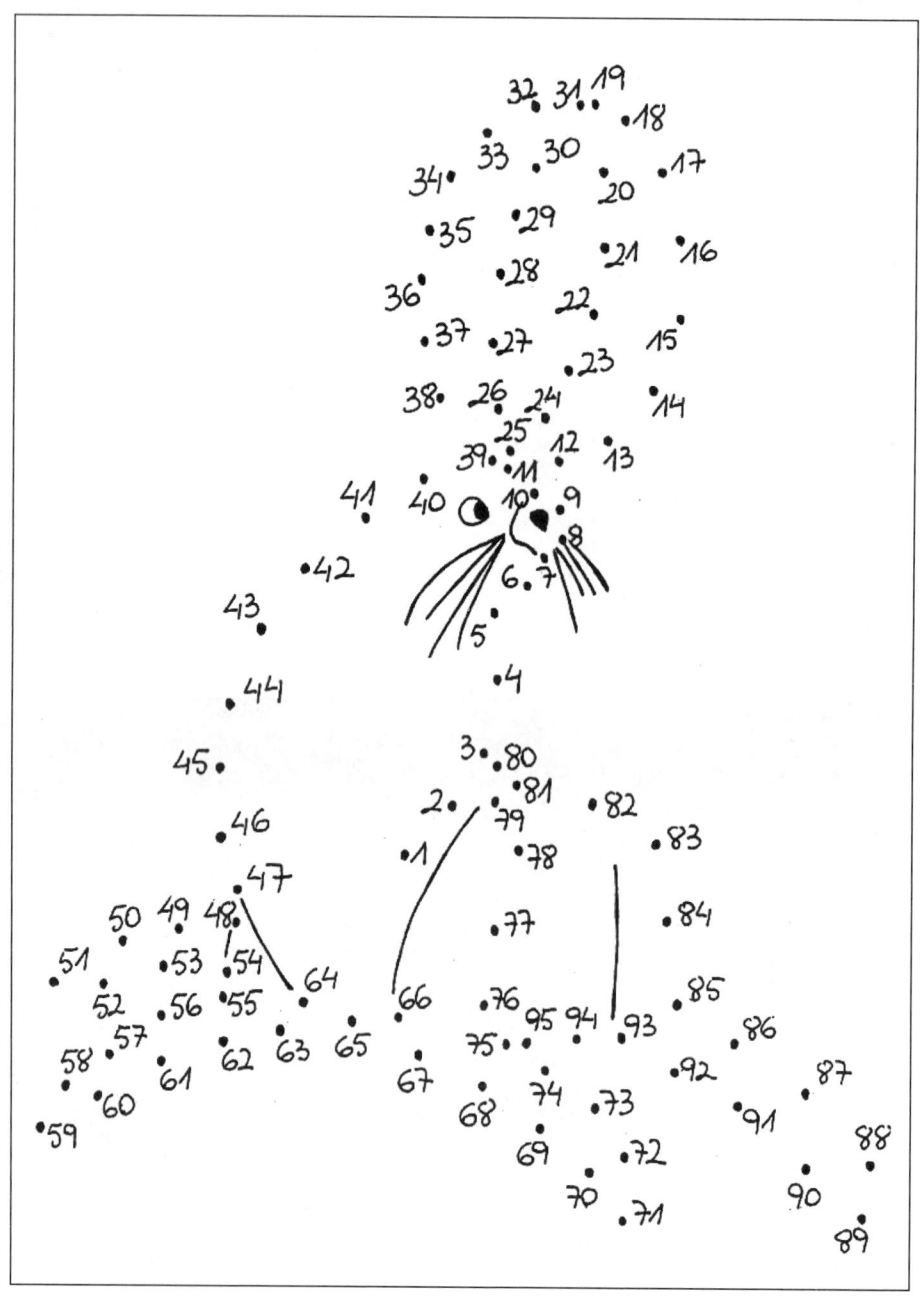

37. Raciocínio: resolva os seguintes problemas:

• Rosa quer comprar três cadernos, um para cada neto. De quanto dinheiro ela precisará, se cada caderno custa R$ 1,35? _____

• Maria comprou no mercado maçãs por R$ 3,25, laranjas por R$ 3,87, feijões por R$ 5,23 e também tomates. Se o total das compras foi R$ 14,90, quanto dinheiro gastou com tomates? _____

• Carmen dividiu R$ 190 entre seus 4 netos. Quanto dinheiro recebeu cada neto? _____

• Com 1 real, Pilar foi comprar um lápis que custava 35 centavos. Qual foi o troco? _____

• Pedro tem R$ 60,85, mas ainda lhe faltam R$ 59,20 para poder comprar o equipamento de tênis. Quanto custa o equipamento?
_____

38. Orientação: sombreie as mesmas estrelas do quadro superior no quadro inferior, escurecendo-as na mesma posição.

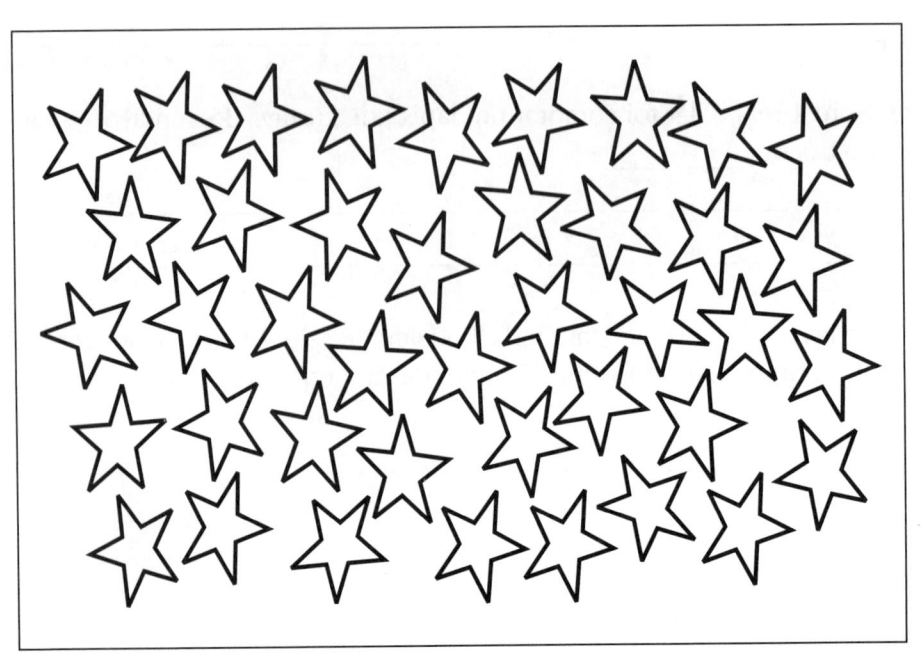

39. Memória: escreva o nome de 35 animais diferentes:

Gato...

40. **Linguagem:** escreva 35 palavras terminadas em "**TA**":

Pelo*ta*, male*ta*...

41. **Orientação:** siga as seguintes indicações: pinte de **AZUL-ESCURO** o quadro abaixo da letra T; pinte de **LARANJA** o quadro acima da letra P; pinte de **ROSA** o quadro abaixo da letra D; pinte de **LILÁS** o quadro acima da letra T; pinte de **AMARELO** o quadro abaixo da letra A; pinte de **CINZA** o quadro acima da letra E; pinte de **MARROM** o quadro acima da letra U; pinte de **VERDE** o quadro abaixo da letra J; pinte de **AZUL-CLARO** o quadro abaixo da letra S; pinte de **PRETO** o quadro acima da letra B; pinte de **VERMELHO** o quadro abaixo da letra C; pinte de **VINHO** o quadro acima da letra O.

A	C	S

D	J	L

M	R	E

U	T	P

B	F	O

42. **Atenção:** sublinhe as palavras repetidas:

Perfil	Parto	Pegar	Pera
Pavão	Passado	Povo	Papel
Planta	Pastilha	Projétil	Pensar
País	Pata	Palma	Pétala
Passa	Peso	Pobre	Pesca
Palma	Patim	Pedir	Poro
Parque	Pátio	Pena	Piano
Partida	Pérola	Perder	Picar
Parreira	Pedra	Proa	Piar
Piloto	Papel	Pilha	Pátio
Porta	Prazo	Perdiz	Pizza
Pagar	Peça	Poder	Podar
Poder	Planta	Palmo	Praça
Pinça	Pistola	Porto	Polia
Polvo	Poro	Pesar	Pilar
Pagar	Prato	Pedal	Parada

43. Linguagem:

• Escreva 10 palavras de 4 letras que comecem com a letra "**P**":
Pelo...

• Escreva 10 palavras de 5 letras que comecem com a letra "**P**":
Ponte...

• Escreva 10 palavras de 6 letras que comecem com a letra "**P**":
Parede...

• Escreva 10 palavras de 7 letras que comecem com a letra "**P**":
Pedinte...

• Escreva 10 palavras de 8 letras que comecem com a letra "**P**":
Postagem...

44. Memória: leia atentamente as palavras do quadro e tente memorizá-las. Depois, vire a folha e escreva o máximo de palavras que lembrar.

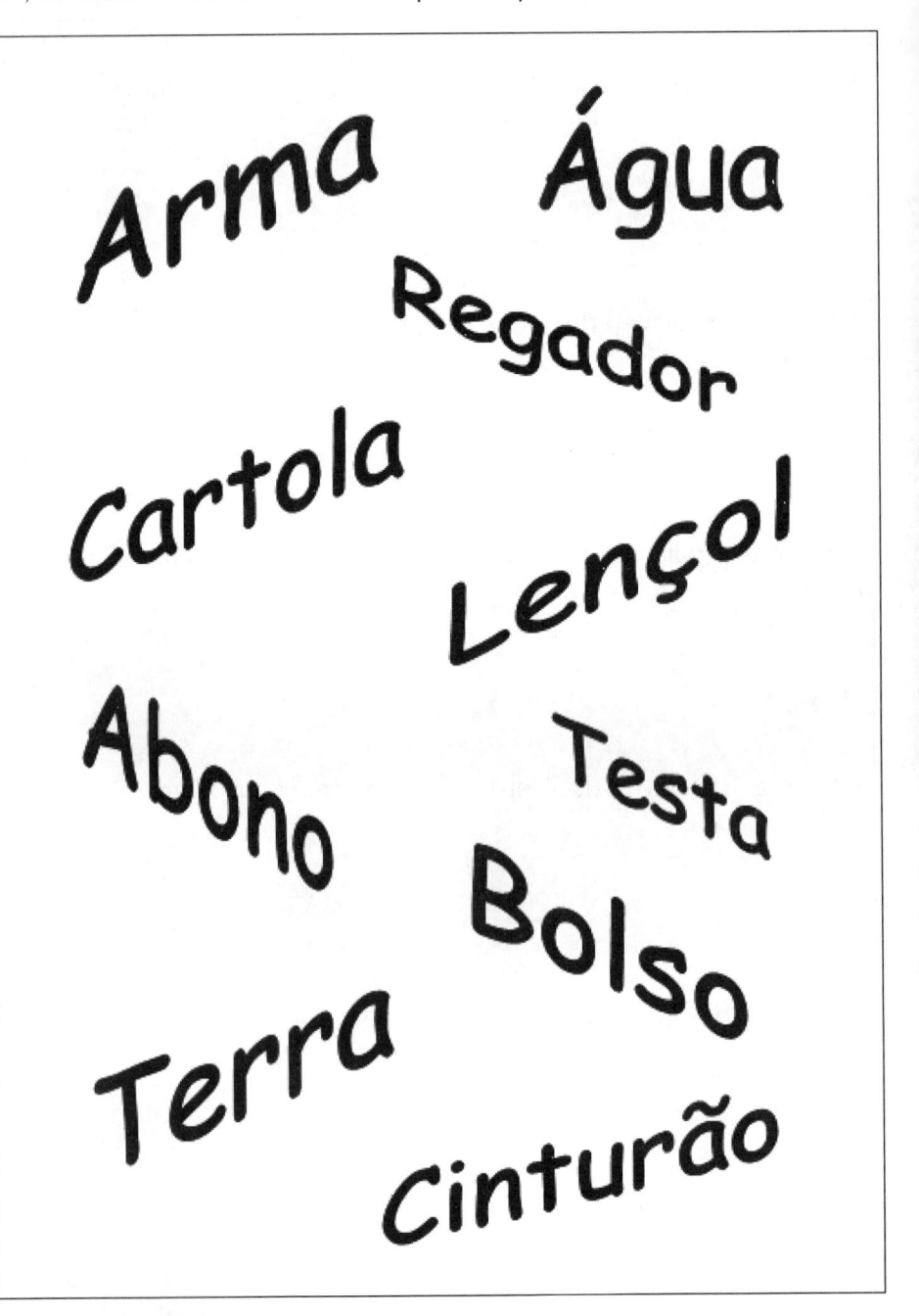

45. Orientação: siga as seguintes instruções. Insira os símbolos nas coordenadas correspondentes, guiando-se pela letra e pelo número para encontrar o quadrado indicado. Por exemplo: para 1E → ●, marque:

3B → £	8D → ☺	5G → Ð	7B → {
5C → △	2A → ▣	6F → ◖	3G → ❤
9E → ?	4H → ⊖	3D → ⑨	7E → ④

	A	B	C	D	E	F	G	H
1					●			
2								
3								
4								
5								
6								
7								
8								
9								

46. **Atenção:** indique quantas figuras há iguais às do modelo. Escreva o número embaixo de cada uma delas.

Modelo

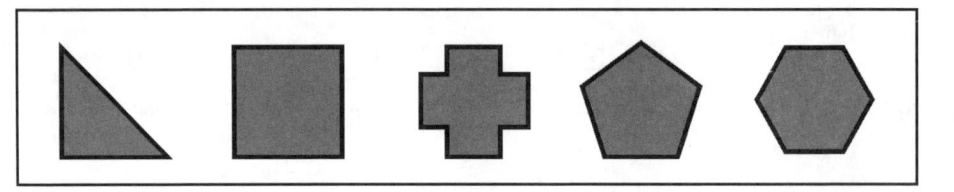

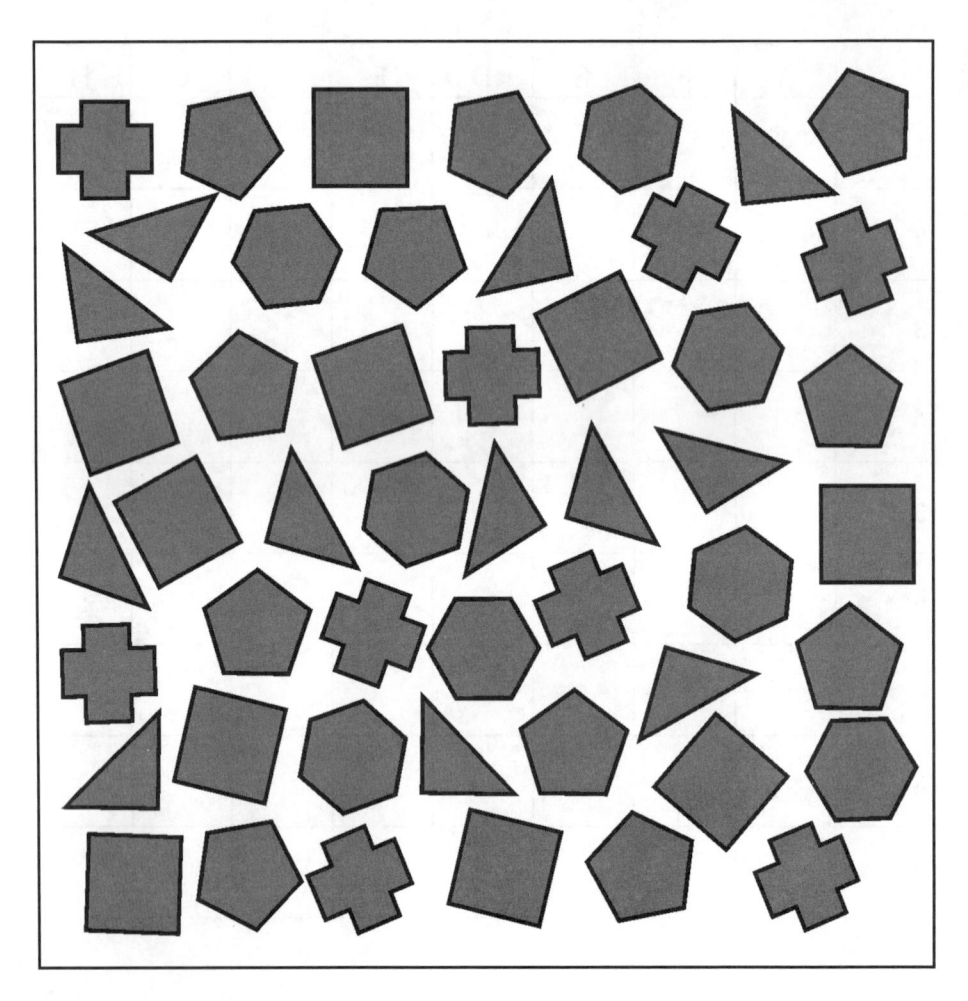

47. **Linguagem:** complete as frases a seguir:

- A manhã _____

- A noite _____

- O teatro era _____

- A atuação foi _____

- Meu _____ irá para _____

- Passei hoje _____

- No próximo mês _____

- Na próxima semana _____

- Faz um ano _____

- Fomos _____

- Não gosto _____

- Preferiria _____

- Quando você pode _____

- Dizem que _____

- Em Girona _____

48. **Praxia:** copie os símbolos da esquerda nos quadrados de sua respectiva fileira.

▼						
✳						
✚						
⑧						
🙶						
❦						
❯						
✂						
◗						
➤➤						
✓						

49. **Abstração:** escreva no quadro da direita a qual categoria pertence cada uma das duplas de palavras a seguir. Siga o exemplo:

Mesa e cadeira	Móveis

Rosa e margarida	
Morango e melão	
Calças e blusa	
Colher e garfo	
Bicicleta e carro	
Anel e pulseira	
Martelo e chave de fenda	
Liquidificador e tostadeira	
Bacalhau e linguado	
Médico e advogado	
Conhaque e vodca	
Tomilho e salsa	
Bola e boneca	
Primavera e verão	
Açafrão e canela	

50. **Atenção:** qual é o esporte que predomina? Indique o número de atletas por esporte, embaixo de cada um deles, e o número total de atletas.

51. **Linguagem:** complete o quadro abaixo. Comece com as palavras de uma mesma fileira com a letra indicada à esquerda, e considere as categorias da parte superior do quadro para escrever uma palavra relacionada. Na primeira casa, você terá de escrever um nome de mulher que comece com a letra A; ao seu lado, um peixe que comece com a letra A; ao seu lado, uma profissão que comece com a letra A etc. Na segunda fileira, as palavras começam com a letra B, portanto, você terá de escrever um nome de mulher que comece com a letra B, ao seu lado, um nome de peixe que comece com a letra B, e assim sucessivamente.

LETRA	NOME DE MULHER	PEIXE	PROFISSÃO	INSTRU-MENTO MUSICAL	PARTE DO CORPO	ESPORTE
A						
B						
C						
G						
S						
L						

52. Raciocínio: marque, com um círculo, somente os números compreendidos entre 45 e 86, incluindo ambos:

31	42	48	90	54	77	25	69
87	38	44	46	59	80	88	96
61	49	30	82	99	58	40	85
47	91	47	28	89	22	50	19
39	49	26	71	13	4	8	70
11	45	7	21	51	37	65	2
72	35	15	66	33	78	0	56
17	86	52	92	17	53	34	95
55	20	43	12	84	10	9	74
94	64	32	57	24	98	60	5
75	29	67	93	63	68	1	76
36	58	97	73	41	16	25	62
81	23	83	18	6	79	14	3

53. **Memória:** escreva 35 objetos que podem ser encontrados em uma instituição bancária.

Computador...

54. Orientação: sombreie os mesmos triângulos do quadro superior no quadro inferior, escurecendo-os na mesma posição.

55. **Atenção:** trace com um lápis o caminho mais curto que leva ao círculo preto no triângulo central. Evite trajetos sem saída e busque um único caminho direto ao círculo. Antes de marcar o caminho, assegure-se de que está correto. Inicie o percurso do exterior.

56. Linguagem: coloque em ordem alfabética as seguintes palavras:

Alfabeto

A B C D E F G H I J K L M N O P Q R S T U V W X Y Z

Pilha - Nabo - Fraque - Dor
Jurar - Mar - Rifa - Rajada
Jota - Suave - Arte - Fama
Claro - Educado - Ilha - Nunca - Lago
Imagem - Lua - Pau - Dama

1.   11.

2.   12.

3.   13.

4.   14.

5.   15.

6.   16.

7.   17.

8.   18.

9.   19.

10.   20.

                                               21.

57. Memória: leia atentamente as palavras do quadro e tente memorizá-las. Depois, vire a folha e escreva o máximo de palavras que lembrar.

58. **Atenção:** indique as imagens que são exatamente iguais.

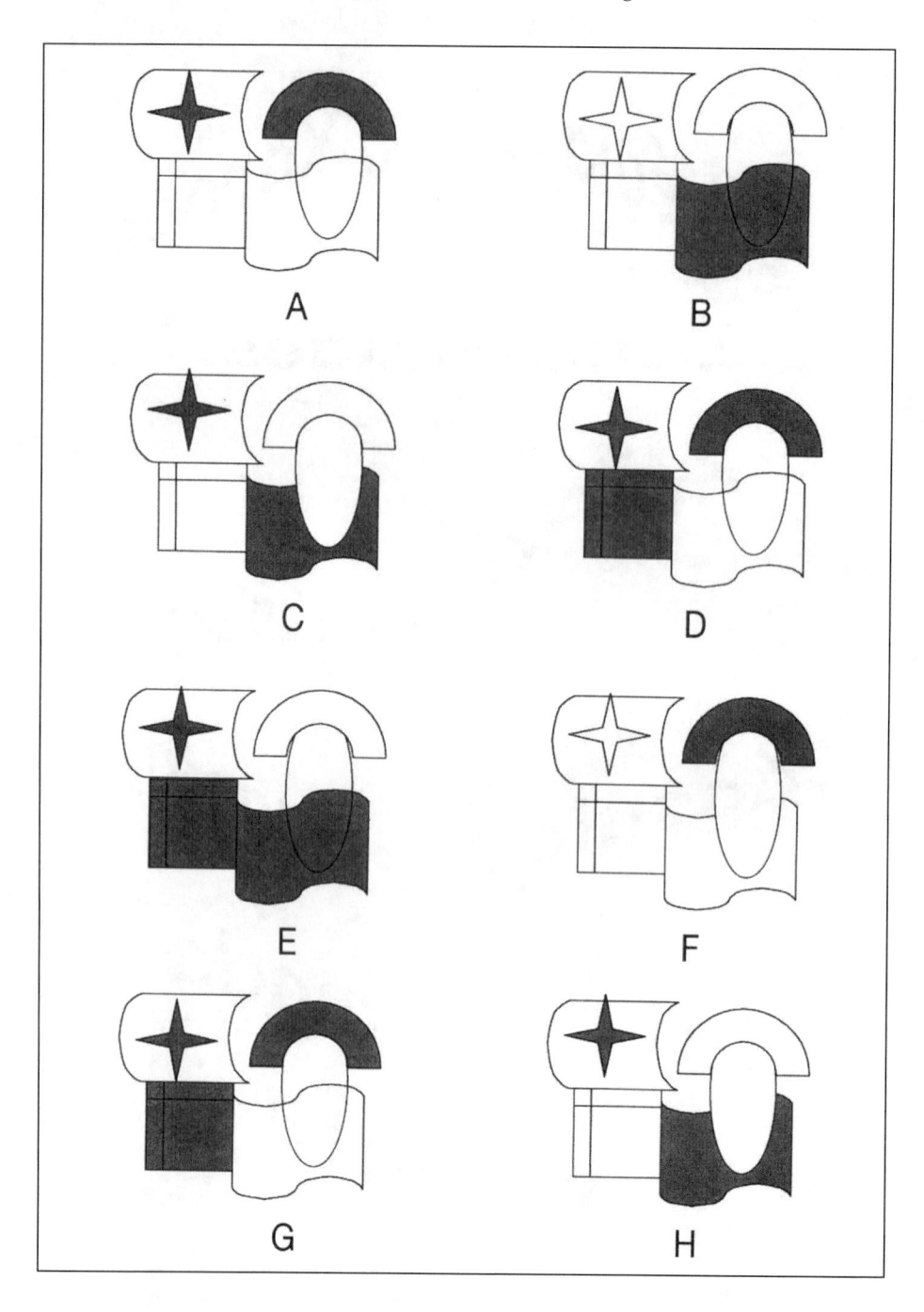

59. Linguagem: escreva 35 palavras terminadas em "**CA**":

Peru**ca**, bar**ca**...

60. Orientação: copie, simetricamente, o seguinte desenho no retângulo da esquerda. Reproduza-o como se houvesse um espelho na linha central que separa os dois retângulos.

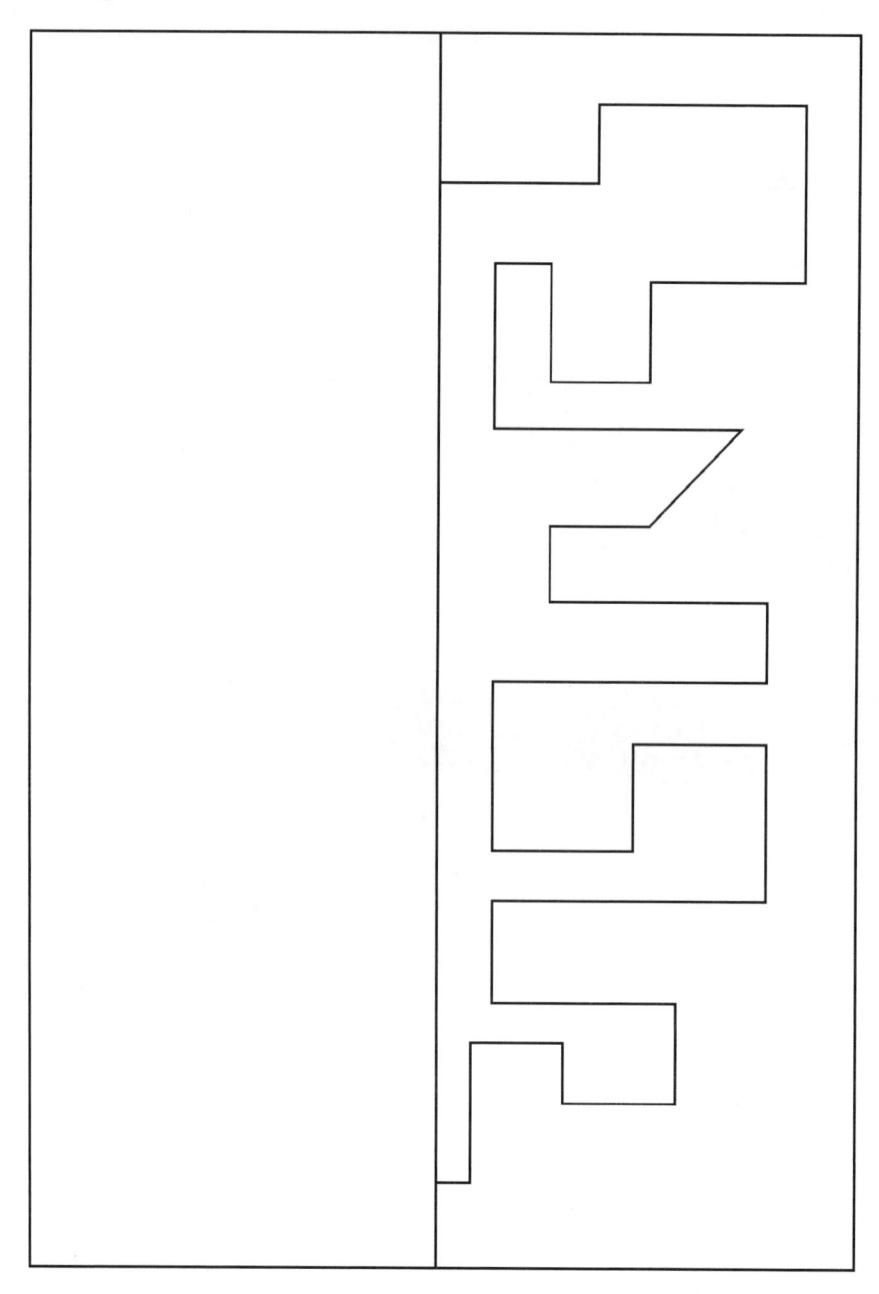

61. **Raciocínio:** continue a sequência numérica a seguir até chegar ao número indicado à direita.

2 – 4 – 6 ...	20
3 – 6 – 9 ...	30
4 – 8 – 12 ...	40
5 – 10 – 15 ...	50
100 – 98 – 96 ...	80
100 – 97 – 94 ...	70
100 – 96 – 92 ...	60

62. Associação: memorize um modelo, associando, para isso, cada diamante com seu número correspondente. Em seguida, escreva da esquerda para a direita seu respectivo número embaixo de cada diamante, conforme indicado:

Modelo

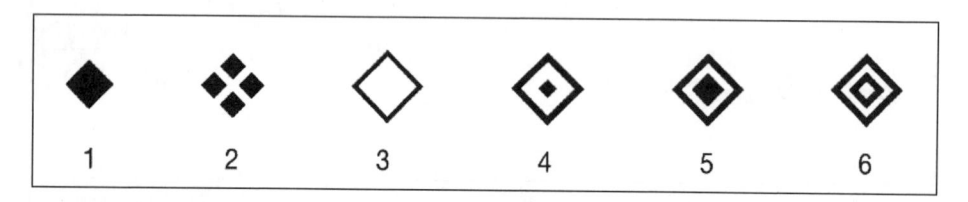

63. **Atenção:** marque somente os grupos de figuras nos quais se encontrem juntos um triângulo, um hexágono e uma estrela de cinco pontas →

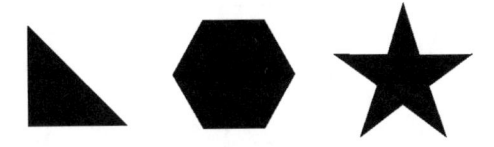

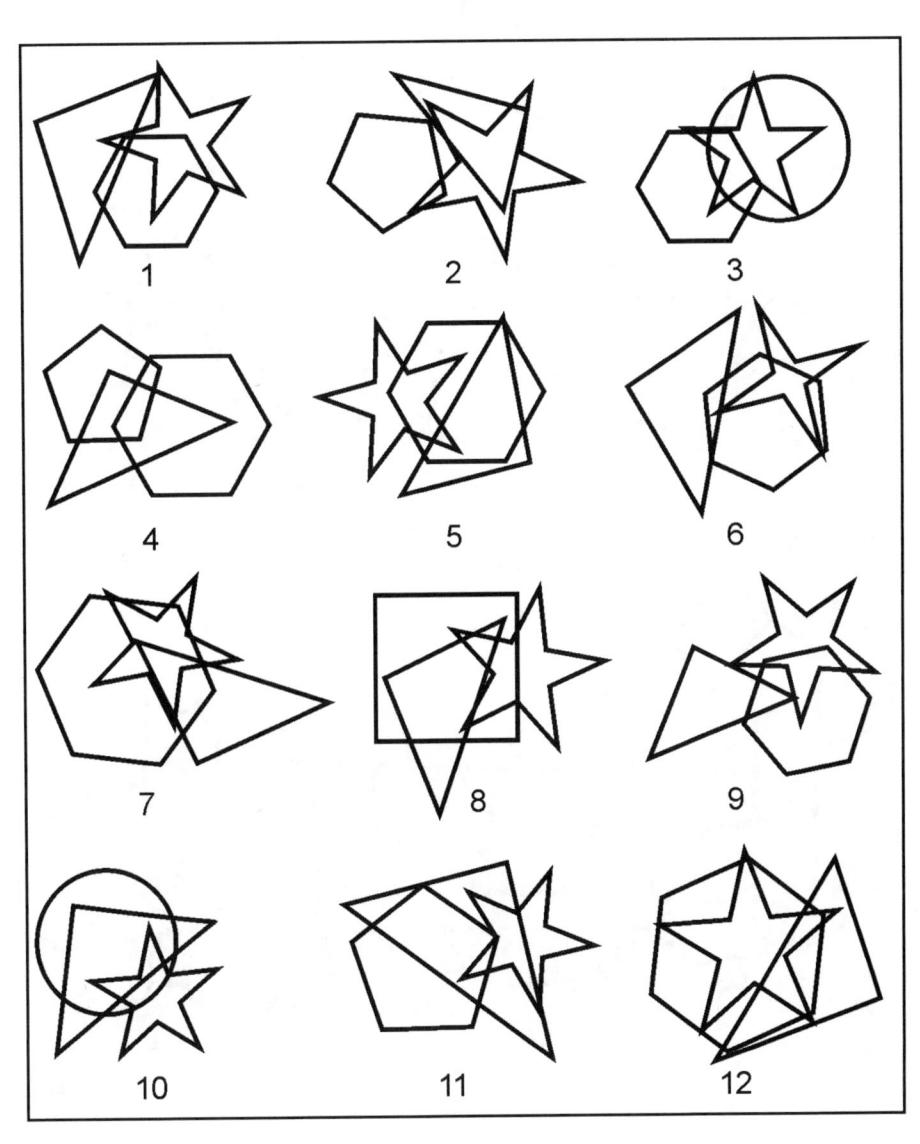

64. Praxia: sombreie com um lápis todas as peças que contêm um ponto em seu interior para obter a silhueta de um objeto.

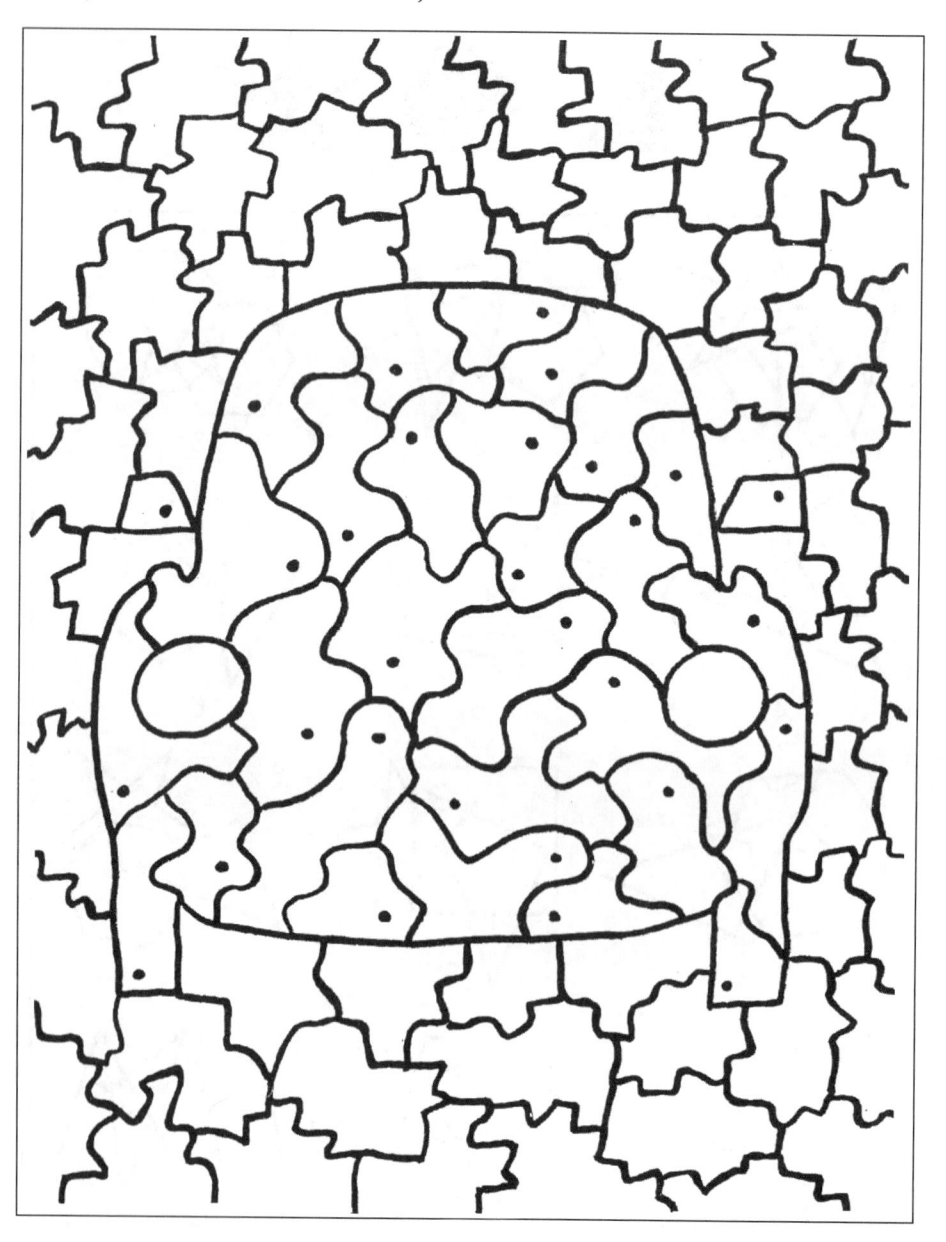

65. Organização: ordene cronologicamente o processo necessário para se fazer uma chamada telefônica. Numere de 1 a 9 nos quadros da esquerda, do primeiro ao último passo:

	Dizer: "Alô?"
	Despedir-se
	Ir até o telefone
	Identificar a pessoa que está ligando
	Falar ao telefone
	O telefone toca
	Colocar o fone na orelha
	Tirar o telefone do gancho
	Colocar o telefone no gancho

66. **Atenção:** indique quantas flechas há no quadro inferior diferentes das do modelo.

Modelo

67. Linguagem: ordene as frases a seguir:

1. muito este um quente temos ano tido verão
2. na amanhã dia fizer passar sol o se praia iremos
3. animais não a de permitida elevador de entrada estimação é neste
4. jantar cedo ano de muito para é organizar começar a fim de o
5. anotações a próxima trem Raimundo na irá terça de recolher as Barce-lona
6. dias e atrás cachorro um correndo vizinho de voltou dois gato depois do o só saiu
7. o as repouso noite da oito visitas horário da dez casa é de de manhã das até da

68. Raciocínio: escreva por extenso os seguintes números nos quadros da direita:

378	
904	
1.367	
18.024	
49.349	
90.002	
275.736	
582.472	
1.407.024	
4.060.241	

69. Memória: escreva 35 personagens e objetos que podem ser encontrados em um presépio.

Pastor...

70. Raciocínio: continue a sequência de letras a seguir até chegar na letra indicada à direita.

Alfabeto

A B C D E F G H I J K L M N O P Q R S T U V W X Y Z

A – B – C ...	I
K – L – M ...	S
G – H – I ...	P
O – P – Q ...	Y
Z – Y – X ...	P
T – S – R ...	K
J – I – H ...	A
N – M – L ...	D
Q – P – O ...	H

71. Orientação: use como ponto de referência seu próprio corpo. Escreva a última letra do alfabeto dentro do círculo da direita. Escreva a metade de 826 dentro do quadrado da esquerda. Escreva o resultado de 237 + 419 dentro da estrela da esquerda. Desenhe um peixe no triângulo da direita. Escreva o resultado de 487 − 324 dentro do círculo da esquerda. Desenhe uma flor dentro do quadrado da direita. Escreva a vogal da palavra TREM dentro da estrela da direita. Escreva um nome de 7 letras que comece com a letra N dentro do triângulo da esquerda. Faça uma cruz dentro do círculo da direita.

72. Linguagem: escreva palavras de seis letras; coloque uma letra em cada quadrado.

73. Memória: leia atentamente as palavras do quadro e tente memorizá-las. Depois, vire a folha e escreva o máximo de palavras que lembrar.

74. **Atenção:** indique quantas figuras há iguais às do modelo. Escreva o número embaixo de cada uma delas.

Modelo

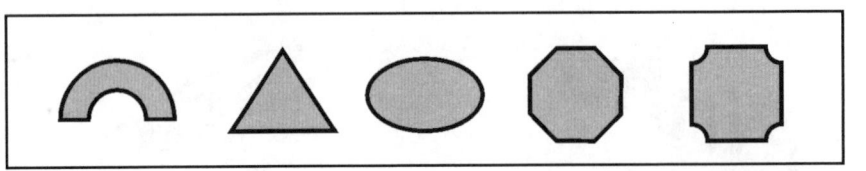

75. **Orientação:** siga as seguintes indicações: partindo da flecha situada na parte inferior esquerda, trace linhas retas de ponto a ponto. Trace dez pontos para cima, cinco à direita, três para cima, seis à esquerda, dois para cima, doze à direita, quatro para baixo, quatro à esquerda, sete para baixo, oito à direita, dois para baixo, quatro à esquerda, dois para baixo, dois à esquerda, três para cima, seis à esquerda, dois para baixo, três à direita e um para baixo.

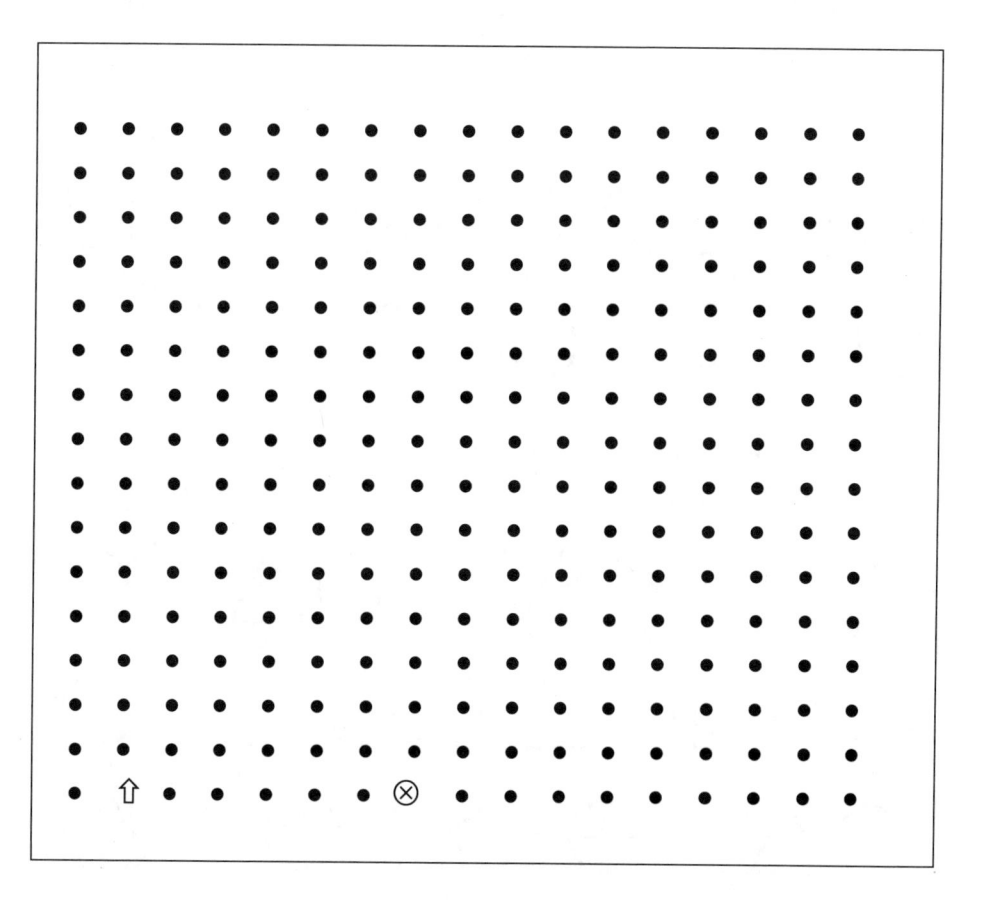

76. Raciocínio: complete as figuras que faltam tendo como referência o modelo; note que as figuras sempre seguem a mesma ordem.

Modelo

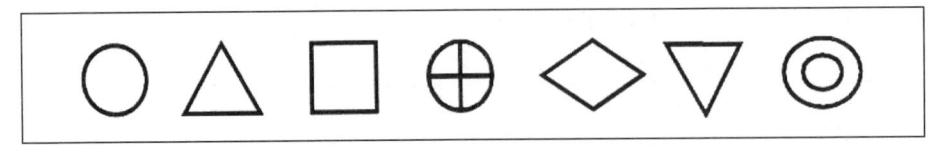

77. **Atenção:** sublinhe as palavras repetidas:

Saber	Sobre	Sifão	Saltar
Savana	Seco	Silvar	Sombra
Servir	Sorte	Soltar	Semear
Solar	Seita	Salsa	Sofá
Soma	Selva	Sonhar	Sítio
Sabre	Seguro	Sartã	Selo
Salto	Sítio	Sorte	Sobra
Simples	Sócio	Sela	Soro
Solo	Saltar	Série	Soma
Semear	Soja	Signo	Situar
Sábado	Saciar	Serra	Saldo
Sério	Subir	Sépia	Suar
Salsa	Soltar	Símio	Sopapo
Seda	Sapo	Salto	Sujo
Sair	Sari	Sermão	Série
Suave	Sólido	Sereia	Sultão

78. Praxia: copie os símbolos da esquerda nos quadrados de sua respectiva fileira.

æ							
ß							
¥							
§							
þ							
đ							
£							
}							
#							
ð							
¶							

79. **Memória:** descreva como se costura um botão com quatro furos.

Objetos necessários:

Procedimento:

80. Raciocínio: ordene os numerais de cada fileira *do menor para o maior*. Coloque os números nos quadros inferiores.

- 98 - 72 - 34 - 68 - 51 - 93 - 27 - 86 - 89 - 75

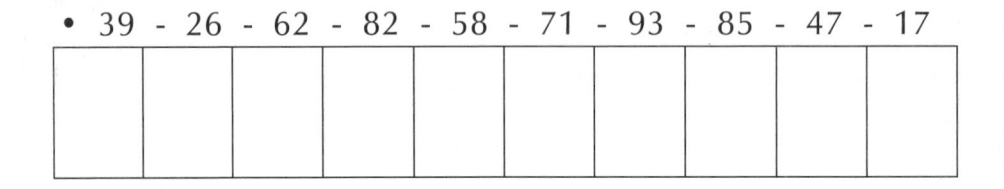

- 39 - 26 - 62 - 82 - 58 - 71 - 93 - 85 - 47 - 17

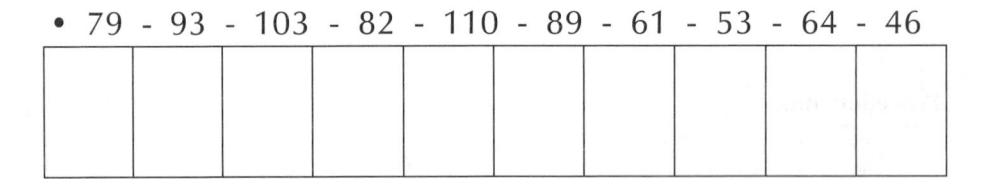

- 79 - 93 - 103 - 82 - 110 - 89 - 61 - 53 - 64 - 46

- 54 - 39 - 35 - 69 - 131 - 62 - 109 - 78 - 57 - 117

- 84 - 105 - 151 - 75 - 91 - 89 - 61 - 141 - 123 - 169

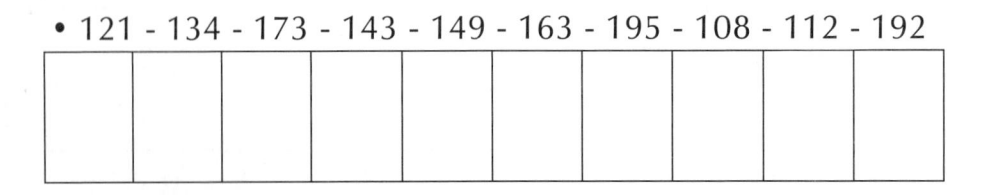

- 121 - 134 - 173 - 143 - 149 - 163 - 195 - 108 - 112 - 192

81. **Atenção:** localize o número 1. Em seguida, trace uma linha reta do ponto 1 ao ponto 2, do ponto 2 ao ponto 3, e assim sucessivamente até o ponto 105. Quando terminar, qual é o animal revelado?

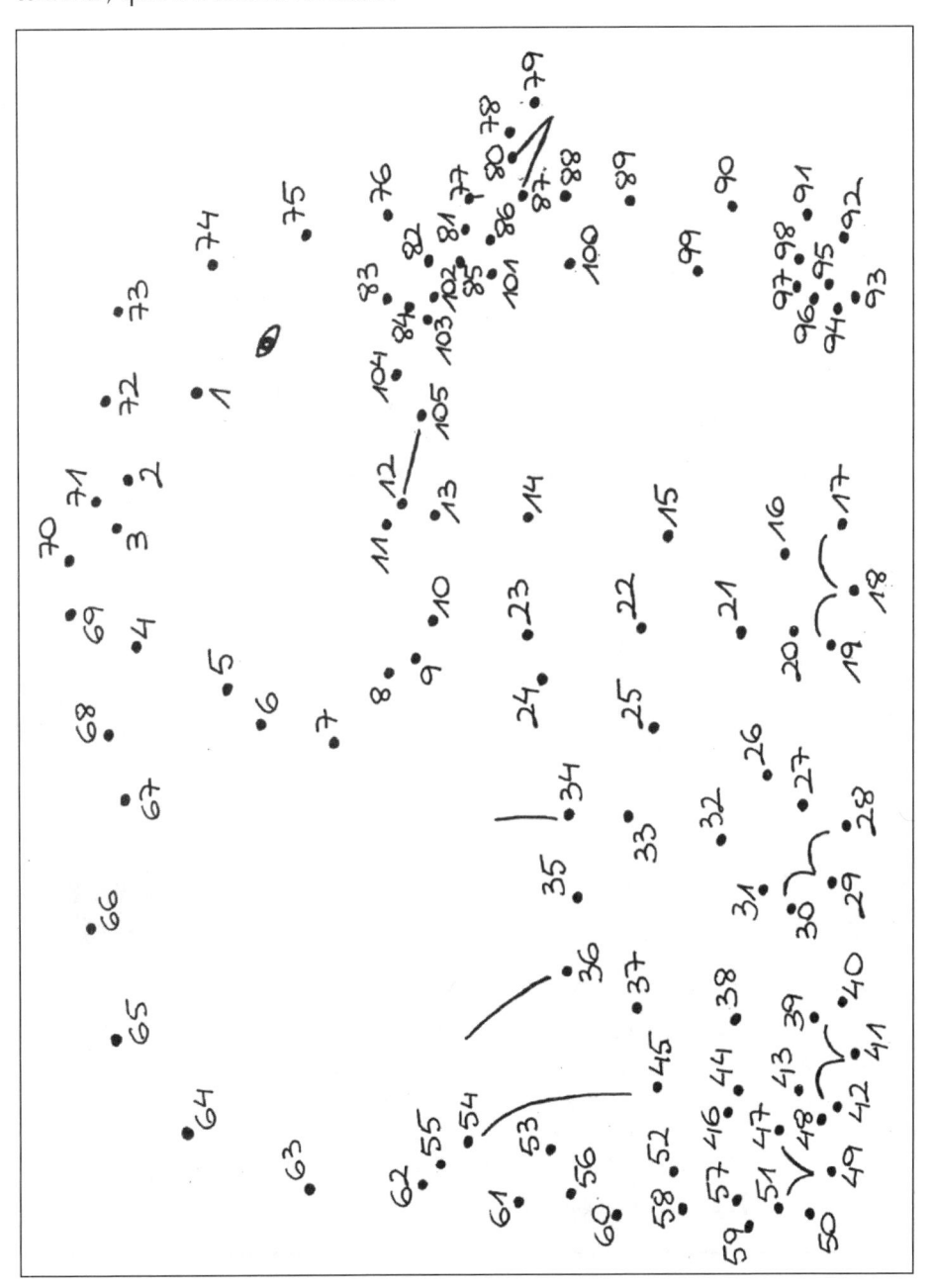

82. **Linguagem:** escreva 35 palavras que comecem com "**Tra**":

*Tr*abalho, *tr*ago...

83. Orientação: sombreie as mesmas flechas do quadro superior no quadro inferior, escurecendo-as na mesma posição.

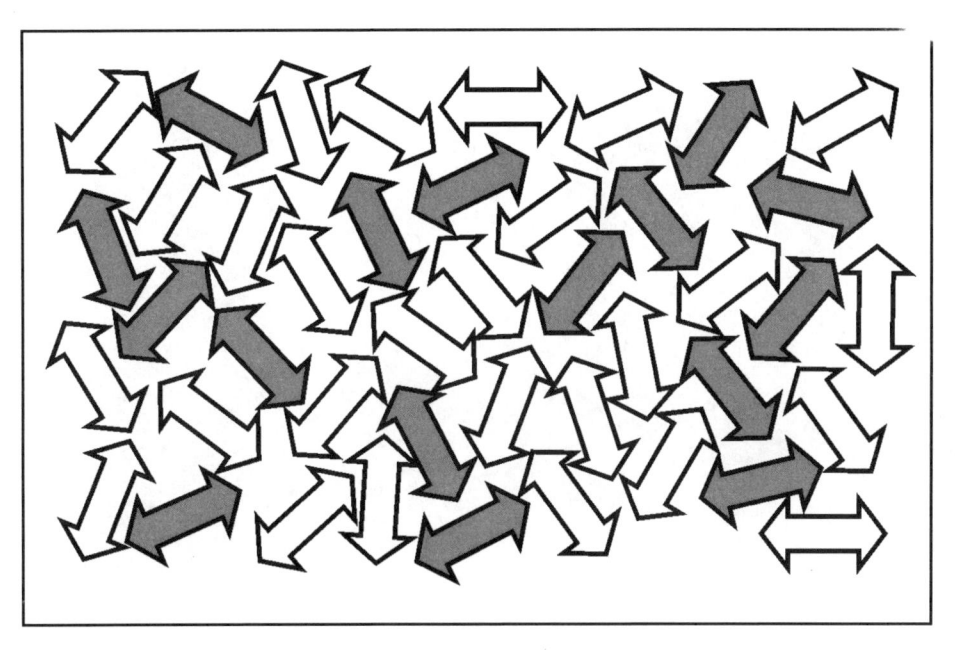

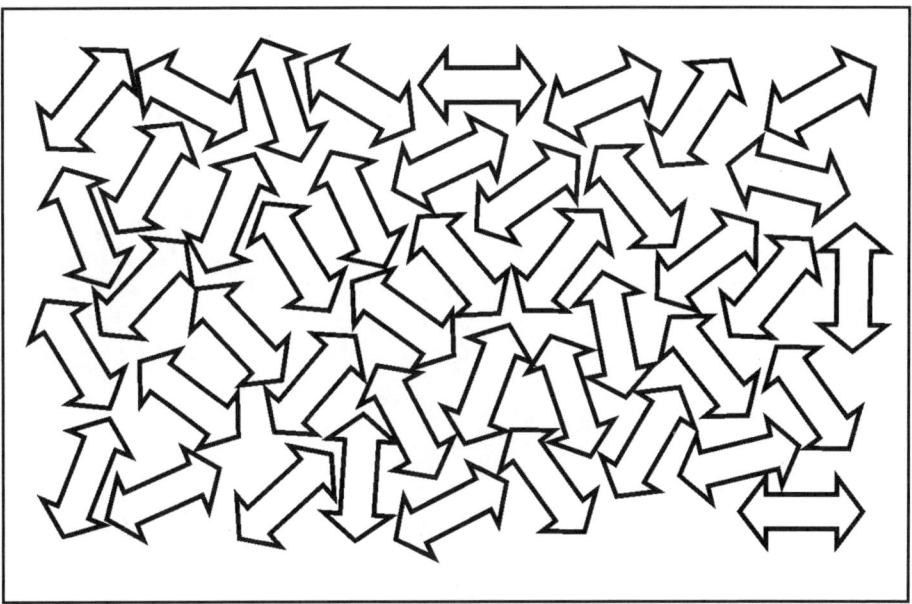

84. **Memória:** escreva 35 objetos que podem ser encontrados nas ruas de uma cidade.

Iluminação...

85. **Atenção:** localize uma série de palavras no diagrama de letras. Elas podem ser encontradas em linha reta, mas em qualquer direção. Podem estar de cima para baixo, de baixo para cima, na horizontal tanto da esquerda para a direita quanto da direita para a esquerda, na diagonal ascendente ou descendente tanto da esquerda para a direita quanto da direita para a esquerda. As palavras estão a seguir; marque-as com um lápis:

PSICÓLOGA – DIRETOR – ENFERMEIRA – FISIO
AUXILIAR – MÉDICO – ANIMADOR – TERAPEUTA
ADMINISTRATIVO – ASSISTENTE SOCIAL

Q	W	A	R	I	E	M	R	E	F	N	E	A	E	R	R
T	A	U	I	O	P	A	S	I	F	G	H	T	J	O	K
L	Z	U	A	C	V	B	S	M	P	O	I	U	T	P	U
O	A	S	X	U	A	I	O	C	T	Y	G	E	K	S	Y
I	A	D	M	I	O	R	V	S	N	H	R	P	H	I	T
U	N	F	L	V	L	I	E	J	A	I	B	A	U	C	R
Y	I	G	K	C	P	I	L	M	D	E	R	R	J	O	E
T	M	H	J	X	K	T	A	I	X	D	F	E	M	L	W
R	A	O	C	I	D	E	M	R	A	C	V	T	N	O	Q
E	D	L	O	P	Z	A	Q	W	S	R	A	O	H	G	A
W	O	V	I	T	A	R	T	S	I	N	I	M	D	A	S
Z	R	G	H	J	K	L	D	C	X	S	W	Q	A	Z	D
Q	X	C	V	B	N	M	E	R	F	V	B	G	T	Y	F
A	S	S	I	S	T	E	N	T	E	S	O	C	I	A	L

86. **Linguagem:** complete o quadro abaixo. Comece com as palavras de uma mesma fileira com a letra indicada à esquerda, e considere as categorias da parte superior do quadro para escrever uma palavra relacionada. Na primeira casa, você terá de escrever um nome de homem que comece com a letra A; ao seu lado, um inseto que comece com a letra A; ao seu lado, uma bebida que comece com a letra A etc. Na segunda fileira, as palavras começam com a letra B, portanto, você terá de escrever um nome de homem que comece com a letra B, ao seu lado, um nome de inseto que comece com a letra B, e assim sucessivamente.

LETRA	NOME DE HOMEM	INSETO	BEBIDA	PEÇA DE ROUPA	LOJA	PAÍS
A						
B						
C						
P						
M						
V						
L						

87. Orientação: indique onde estão localizados os seguintes símbolos no diagrama. Indique o número e a letra correspondentes. Siga o exemplo: ◆ → 1E. Situe:

▣ → - *er* → - ★ → - & →

✳ → - ♋ → - ☑ → - ◈ →

⊗ → - ✳ → - ▣ → - ⊖ →

	A	B	C	D	E	F	G	H
1		⊖			◆			
2								☑
3	&			✳				
4			◈					▣
5					*er*			
6					✳			
7		▣						
8				⊗			♋	
9			★					

88. Memória: escreva o nome de 35 objetos que podem ser encontrados em uma praia.

Guarda-sol...

89. Atenção: qual é o objeto que mais se repete? Indique quantos há de cada um deles.

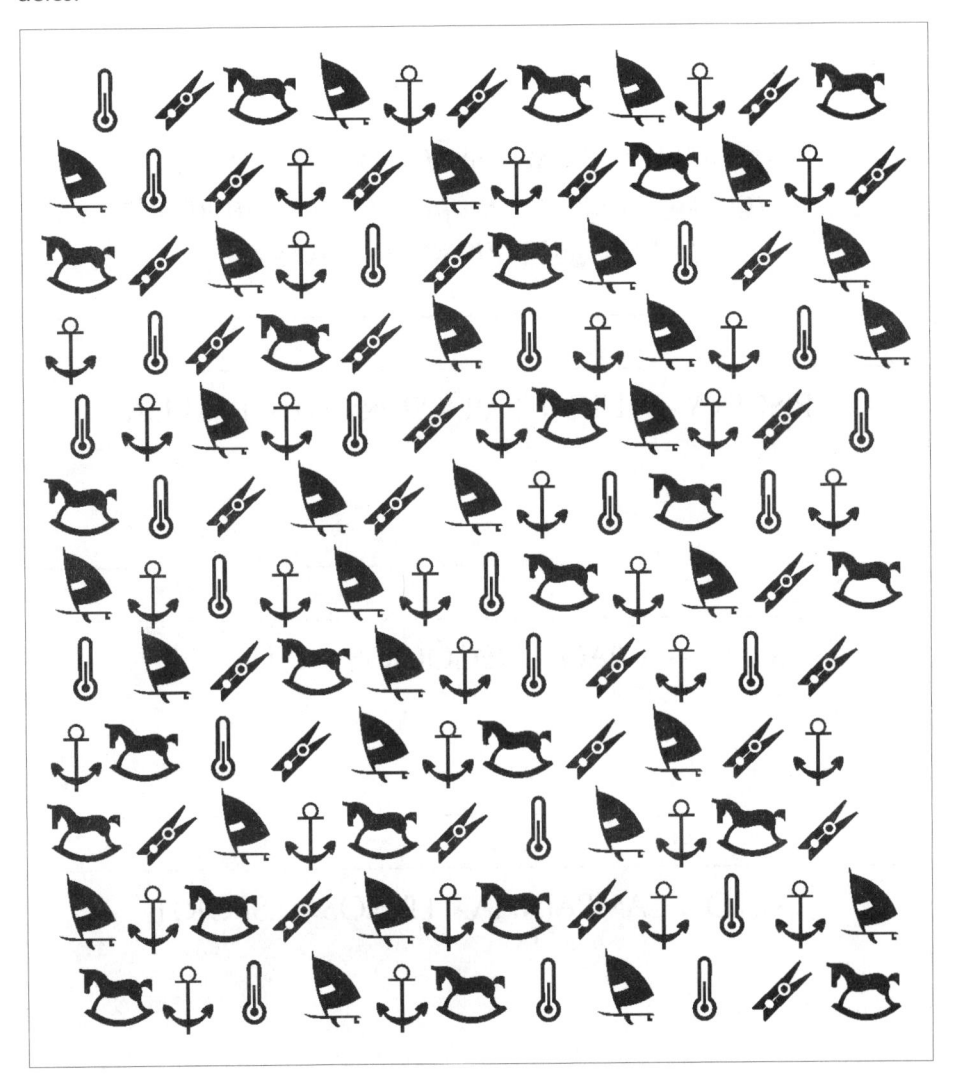

90. Linguagem: escreva uma frase ou história curta com palavras de um mesmo grupo:

Exemplo

REUNIÃO – DISCUSSÃO – GATO – SALA
Na reunião, originou-se uma discussão motivada por um gato que entrou na sala.

PISCINA – DESCANSAR – SORVETE – FAMÍLIA

MALA – AVIÃO – NEGÓCIOS – TELEFONE

NETO – CAMPAINHA – LIVROS – ESPORTE

PORTA – BICICLETA – JORNAL – VIZINHO

91. Abstração: escreva no quadro da direita a qual categoria pertence cada uma das duplas de palavras a seguir. Siga o exemplo:

Armário e sofá	Móveis

Xarope e cápsulas	
Quadro e escultura	
Violino e violão	
Basquete e tênis	
Trombeta e trombone	
Mosca e abelha	
Café e chá	
Ervilha e feijão-verde	
Euro e dólar	
Cristianismo e budismo	
Itália e Alemanha	
Catalão e castelhano	
Terra e Vênus	
América e África	
Cebolas e cenouras	

92. Praxia: sombreie com um lápis todas as peças que contêm um ponto em seu interior para obter a silhueta de um objeto.

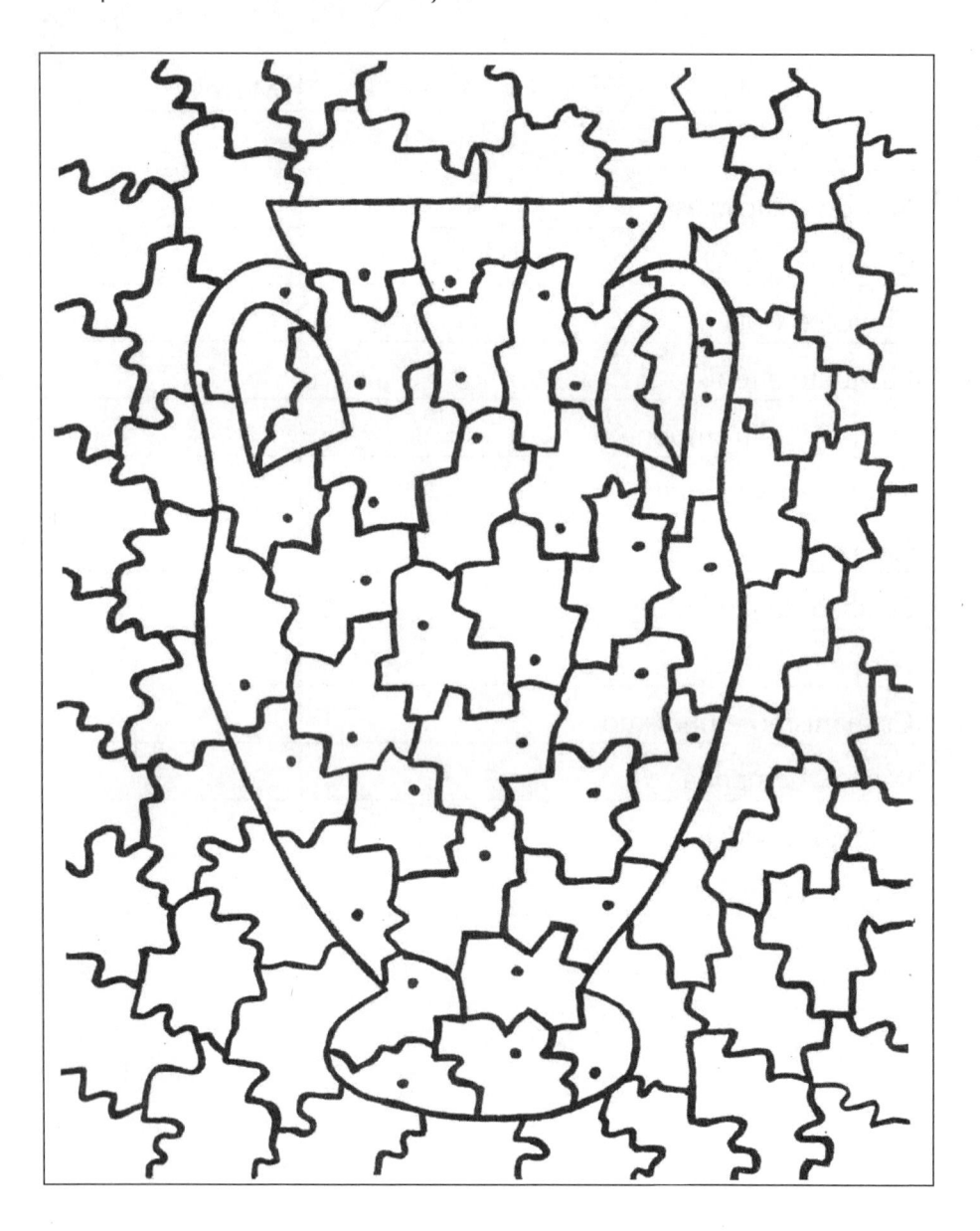

93. Atenção: encontre os seis números, entre 1 e 72, que não aparecem no diagrama. Escreva-os nos quadros que estão em branco.

14	52	33	18	40	58	44	16
41	63	9	57	64	26	3	59
19	1	54	23	71	10	65	37
36	42	29	5	12	69	21	53
6	25	50	62	66	34	7	15
72	46	13	45	56	2	60	31
51	4	55	24	48	43	39	47
68	38	17	32	27	20	67	8
30	22						

94. Linguagem: escreva o oposto de cada um dos termos das colunas utilizando apenas uma palavra.

Aprovar →	Elegante →
Positivo →	Cômodo →
Doente →	Ascender →
Incrédulo →	Restar →
Privado →	Natural →
Receber →	Religioso →
Barato →	Moderno →
Perseguir →	Cru →
Avançar →	Fácil →
Tapar →	Prestígio →
Responder →	Ampliar →
Estragar →	Prejudicar →

95. **Memória:** leia atentamente as palavras do quadro e tente memorizá-las. Depois, vire a folha e escreva o máximo de palavras que lembrar.

96. Raciocínio: agrupe meias-luas de quatro em quatro com uma linha, conforme mostrado. Quantas meias-luas sobram sem agrupar?

97. **Atenção:** quantas vezes cada capital se repete? Anote no quadro inferior e some o total.

Havana, Assunção, San José, Manágua, Lima, Havana, Manágua, Caracas, Quito, Buenos Aires, Santiago, Assunção, Caracas, San José, Lima, Havana, Lima, Havana, Quito, Santiago, Caracas, Manágua, Assunção, Lima, San José, Buenos Aires, Quito, Buenos Aires, Assunção, Havana, Caracas, Manágua, Assunção, Lima, Buenos Aires, Caracas, San José, Havana, Santiago, Lima, Havana, Buenos Aires, Quito, Manágua, Caracas, Assunção, Lima, Santiago, Lima, Havana, Buenos Aires, Caracas, Assunção, Caracas, Quito, San José, Quito, Lima, Havana, Santiago, Havana, Santiago, Quito, Buenos Aires, Manágua, Caracas, Santiago, Assunção, Lima, Assunção, Lima, San José, Quito, Buenos Aires, Lima.

CAPITAIS	REPETIÇÕES
Havana (Cuba)	
Assunção (Paraguai)	
Lima (Peru)	
Caracas (Venezuela)	
San José (Costa Rica)	
Manágua (Nicarágua)	
Quito (Equador)	
Buenos Aires (Argentina)	
Santiago (Chile)	
TOTAL de capitais	

98. **Linguagem:** coloque em ordem alfabética as seguintes palavras:

Alfabeto

A B C D E F G H I J K L M N O P Q R S T U V W X Y Z

Cristal - Mancha - Luzes - Silvar
Moeda - Livre - Petróleo - Elegante
Nata - Roubo - Som - Rito - Carro
Netuno - Migalha - Louro - Rocha - Palma
Térmita - Cebo - Pau - Escova - Erosão

1.   13.

2.   14.

3.   15.

4.   16.

5.   17.

6.   18.

7.   19.

8.   20.

9.   21.

10.   22.

11.   23.

12.

99. Orientação: copie, simetricamente, o seguinte desenho no retângulo da direita. Reproduza-o como se houvesse um espelho na linha central que separa os dois retângulos.

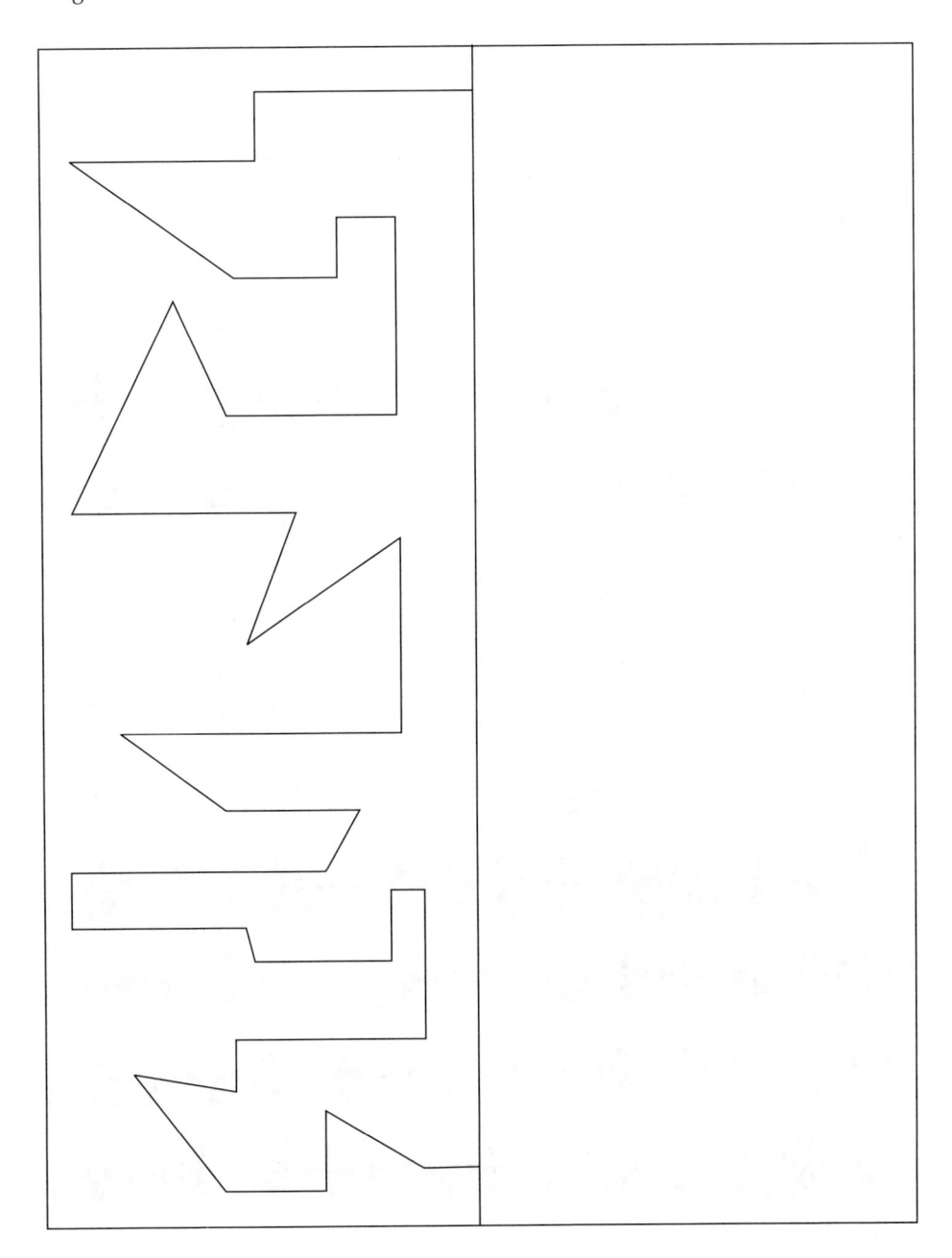

100. Associação: memorize um modelo, associando, para isso, cada cruz com seu número correspondente. Em seguida, escreva da esquerda para a direita seu respectivo número embaixo de cada cruz, conforme indicado:

Modelo

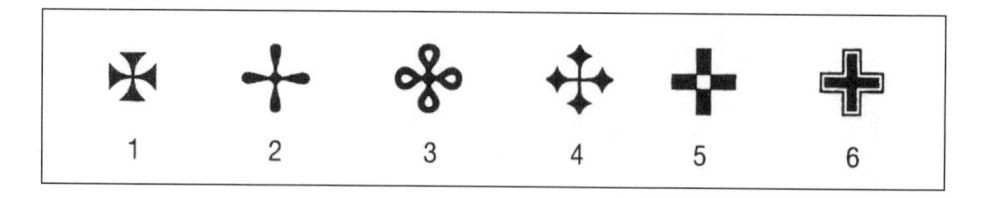

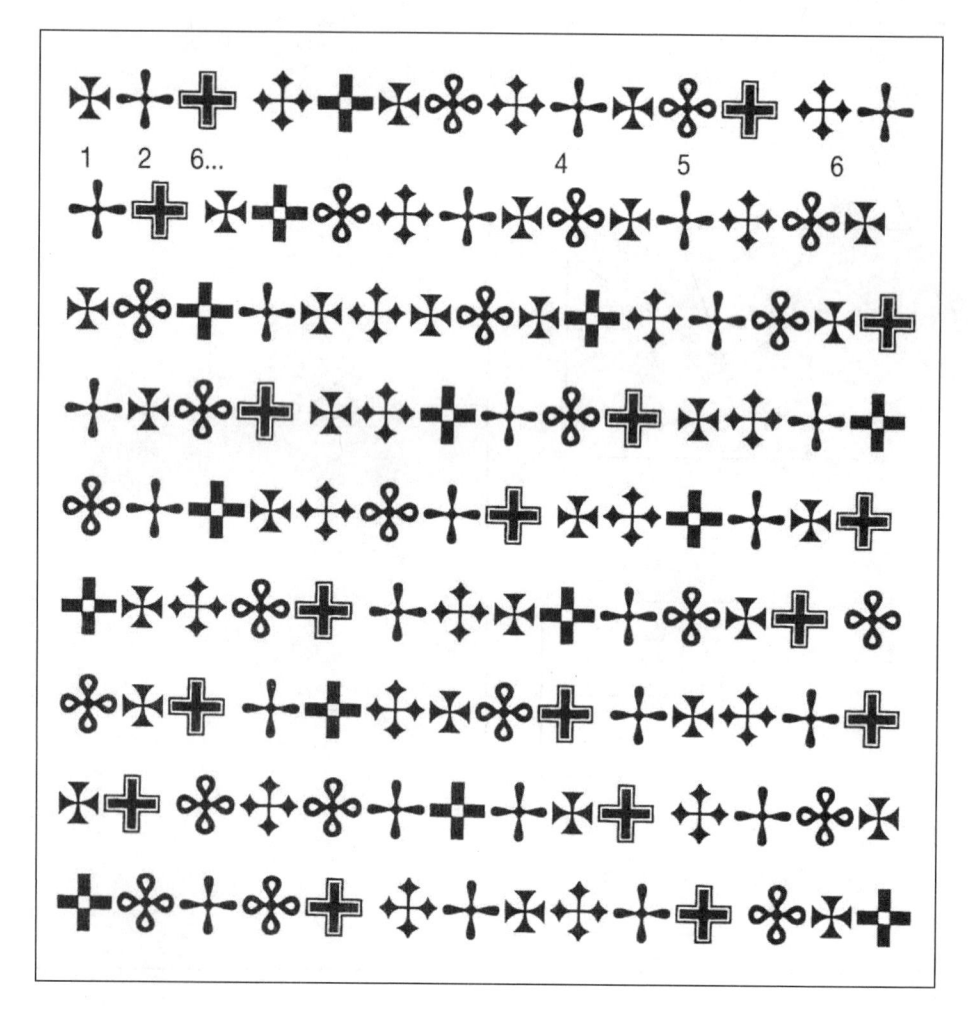

101. **Atenção:** indique quais imagens são exatamente iguais.

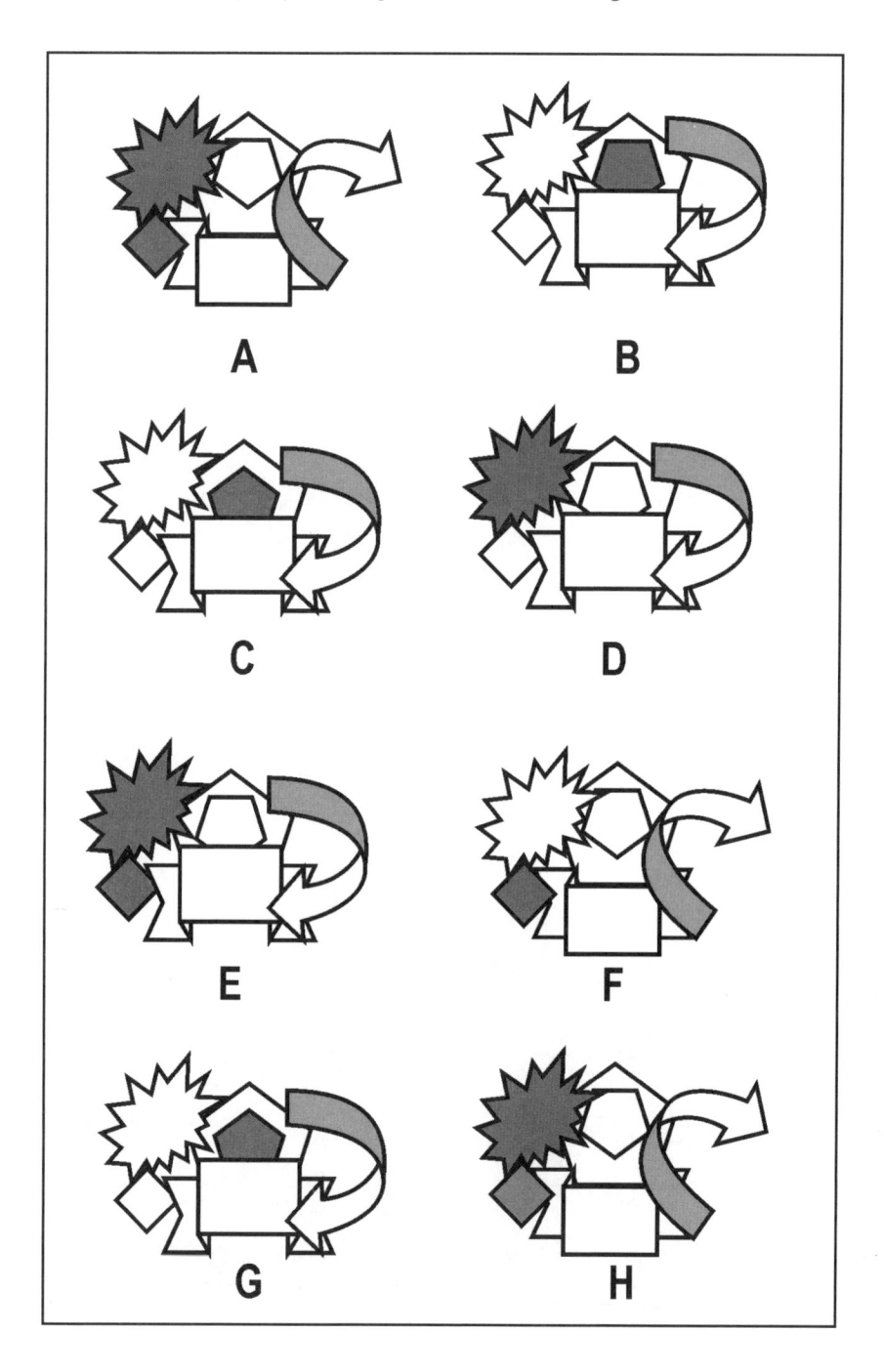

102. **Linguagem:** escreva 35 palavras que comecem com "**Cor**":

*Cor*tina, *cor*ação...

103. Orientação: indique onde estão localizados os seguintes símbolos no diagrama. Indique o número e a letra correspondentes. Siga o exemplo: ◆ → 1E. Situe:

✖ → - ₰ → - ઈ → - ℰ →

✳ → - ❋ → - ♥ → - ✺ →

☆ → - ◻ → - ★ → - ✕ →

	A	B	C	D	E	F	G	H
1					◆		★	
2			♥					
3	ઈ							✕
4						₰		
5				❋				
6		✖						
7					✺			☆
8	◻						✳	
9			ℰ					

104. **Memória:** escreva o nome de 35 objetos que podem ser encontrados em uma sala de cinema.

Tela...

105. Raciocínio: escreva os seguintes números nos quadros da direita:

Mil duzentos e treze	
Vinte mil quatrocentos e um	
Setenta mil oitocentos e sete	
Cinquenta mil seiscentos e quarenta	
Noventa e dois mil e dezessete	
Setenta e quatro mil e sessenta e dois	
Trezentos e dez mil e quatorze	
Oitocentos e cinquenta mil e vinte	
Quatrocentos e cinquenta mil e cento e um	
Trezentos e quarenta mil e vinte e cinco	
Um milhão e trezentos e quarenta mil	
Cinco milhões e duzentos e três mil e seis	
Dois milhões e dezenove mil e trinta	
Seis milhões e seis mil e sessenta e seis	

106. **Memória:** escreva o nome de 35 objetos que podem ser encontrados em um restaurante.

Cardápio...

107. **Atenção:** marque somente os grupos de figuras nos quais se encontrem juntos uma estrela de oito pontas, uma circunferência e um pentágono →

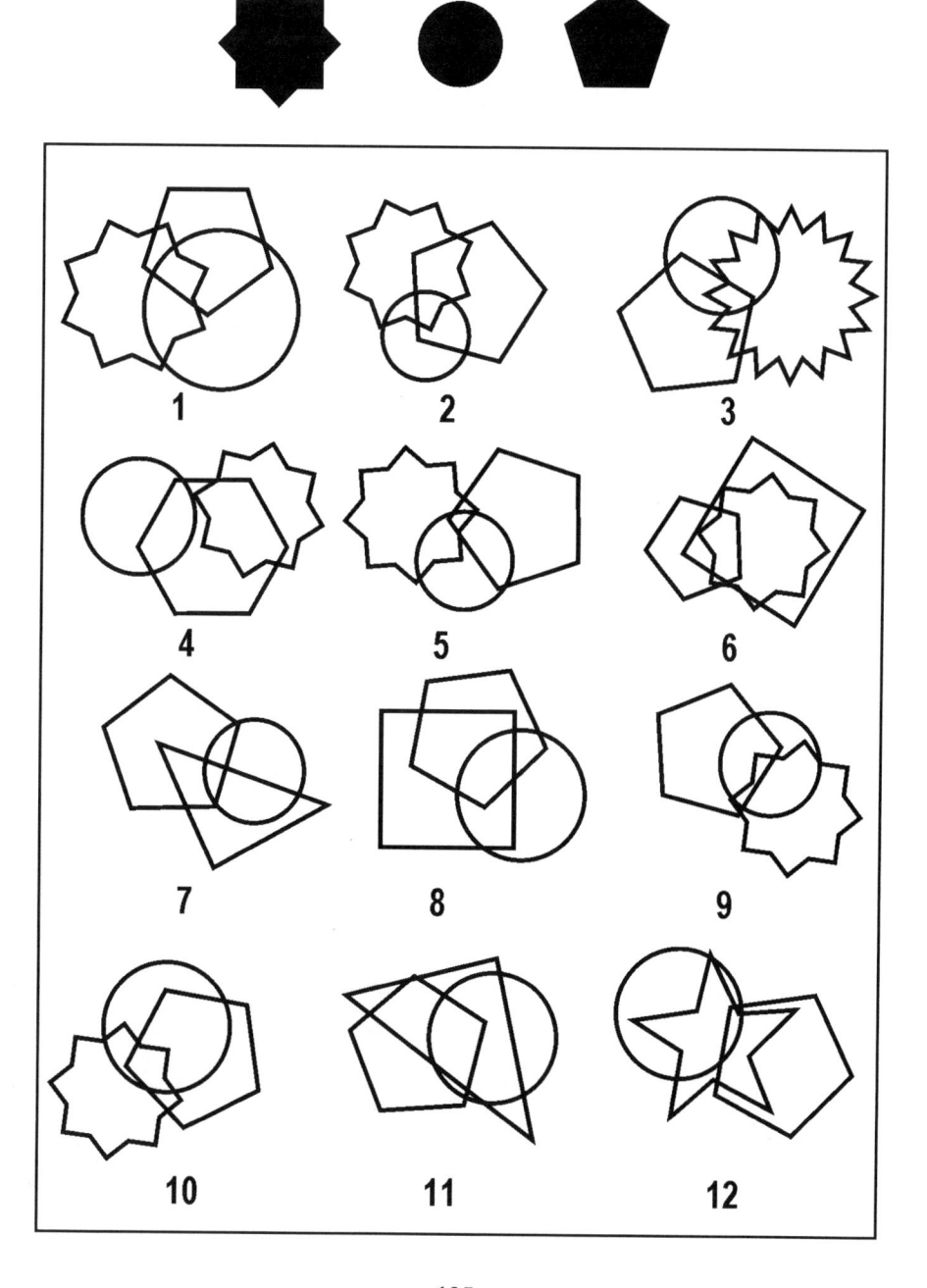

108. **Organização:** escreva um cardápio semanal de alimentos. Cada dia da semana deve conter um prato principal, um acompanhamento e sobremesa. Não faça repetições.

Menu semanal

Segunda-feira	Terça-feira	Quarta-feira
Quinta-feira	Sexta-feira	Sábado
Domingo		

109. Atenção: indique quantas figuras há no quadro inferior diferentes das do modelo.

Modelo

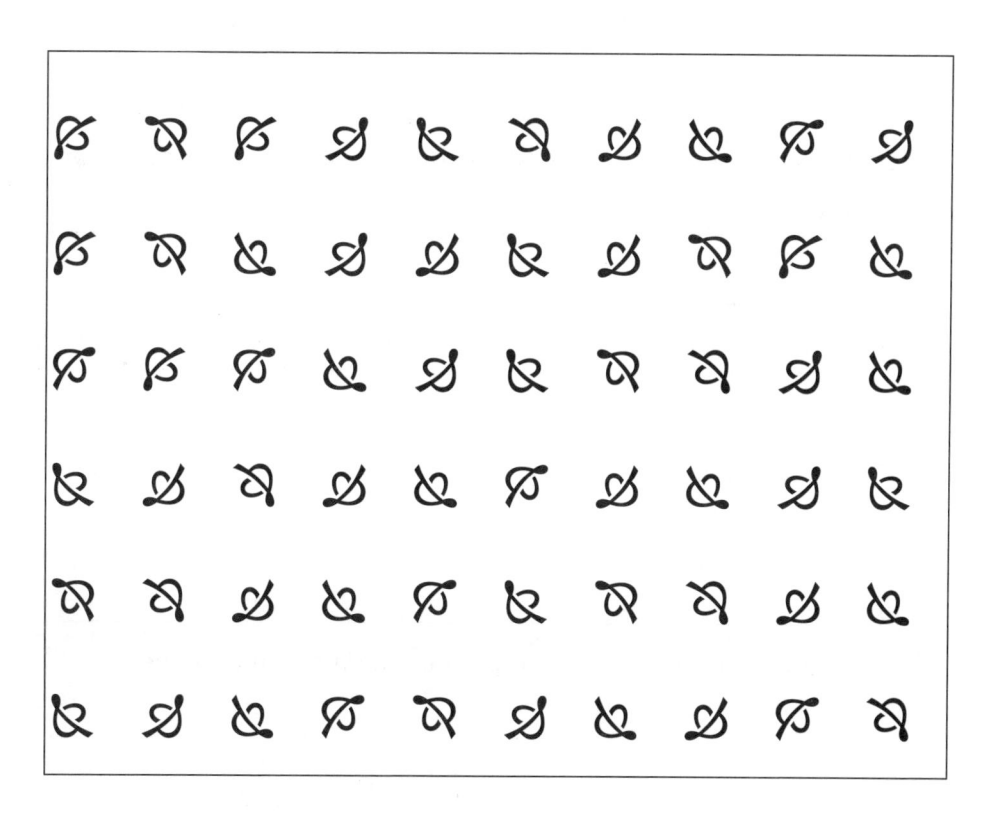

110. Linguagem: ordene as frases a seguir:

1. calçada árvores forte o arrancou da vento três
2. dia essa ir passo trabalho rodovia para todo para ao
3. convidados bebidas supermercado a para ao Paulo comprar foi
4. grande ser estudando profissional Pedro chegar para a ópera cantor um está de
5. para estouro liguei o lavabo arrumar o da encanador água para do
6. campeonato irão o daqui da televisão a atletismo pouco pela Espanha de transmitir
7. o de concurso ganhou o Carlos prêmio no da desenho primeiro escola
8. a o família quando danificou-se no caminho, estávamos visitar indo carro inoportunamente

111. **Memória:** escreva o nome de 35 objetos, animais ou performances que podem ser vistos em um circo.

Lona...

112. Orientação: siga as seguintes indicações: partindo da flecha situada na parte superior esquerda, trace linhas retas de ponto a ponto. Trace treze pontos à direita, dois para baixo, onze à esquerda, um para cima, dois à esquerda, oito para baixo, sete à direita, quatro para cima, cinco à esquerda, dois para cima, treze à direita, oito para baixo, quatro à esquerda, seis para cima, dois à esquerda, oito para baixo e dois à esquerda.

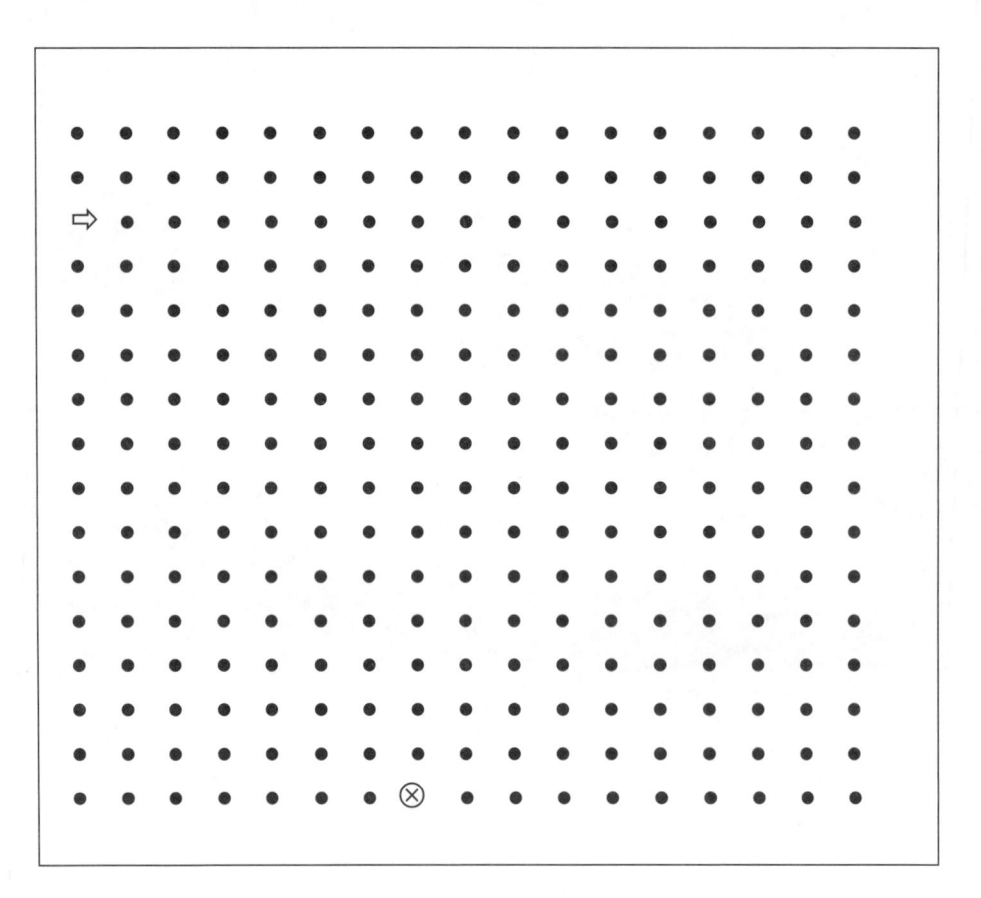

113. **Atenção:** indique quantas figuras há iguais às do modelo. Escreva o número embaixo de cada uma delas.

Modelo

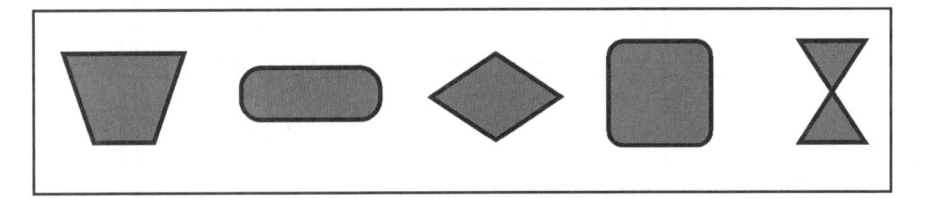

114. Linguagem: escreva palavras de sete letras; coloque uma letra em cada quadrado.

115. **Cálculo:** resolva as seguintes operações numéricas:

a) $3 + 7 + 4 - 2 + 8 - 9 + 5 - 3 + 9 - 4 =$

b) $11 + 23 + 8 - 13 + 6 - 9 + 15 - 7 + 2 =$

c) $20 - 9 + 12 + 8 - 7 + 5 - 8 + 14 + 16 =$

d) $31 + 15 + 5 - 8 - 6 - 9 + 17 + 8 + 9 =$

e) $11 + 16 + 8 + 9 - 13 - 6 + 19 + 7 - 4 =$

f) $18 + 7 + 9 - 11 - 8 + 21 + 6 - 16 + 7 =$

g) $19 - 5 - 7 + 16 + 12 + 8 - 6 - 9 + 14 =$

h) $15 + 12 + 14 - 9 - 11 + 23 + 6 + 8 - 5 =$

i) $24 + 18 - 9 + 7 - 11 + 21 - 16 + 5 - 3 =$

116. Memória: leia atentamente as palavras do quadro e tente memorizá-las. Depois, vire a folha e escreva o máximo de palavras que lembrar.

117. Praxia: sombreie com um lápis todas as peças que contêm um ponto em seu interior para obter a silhueta de um objeto.

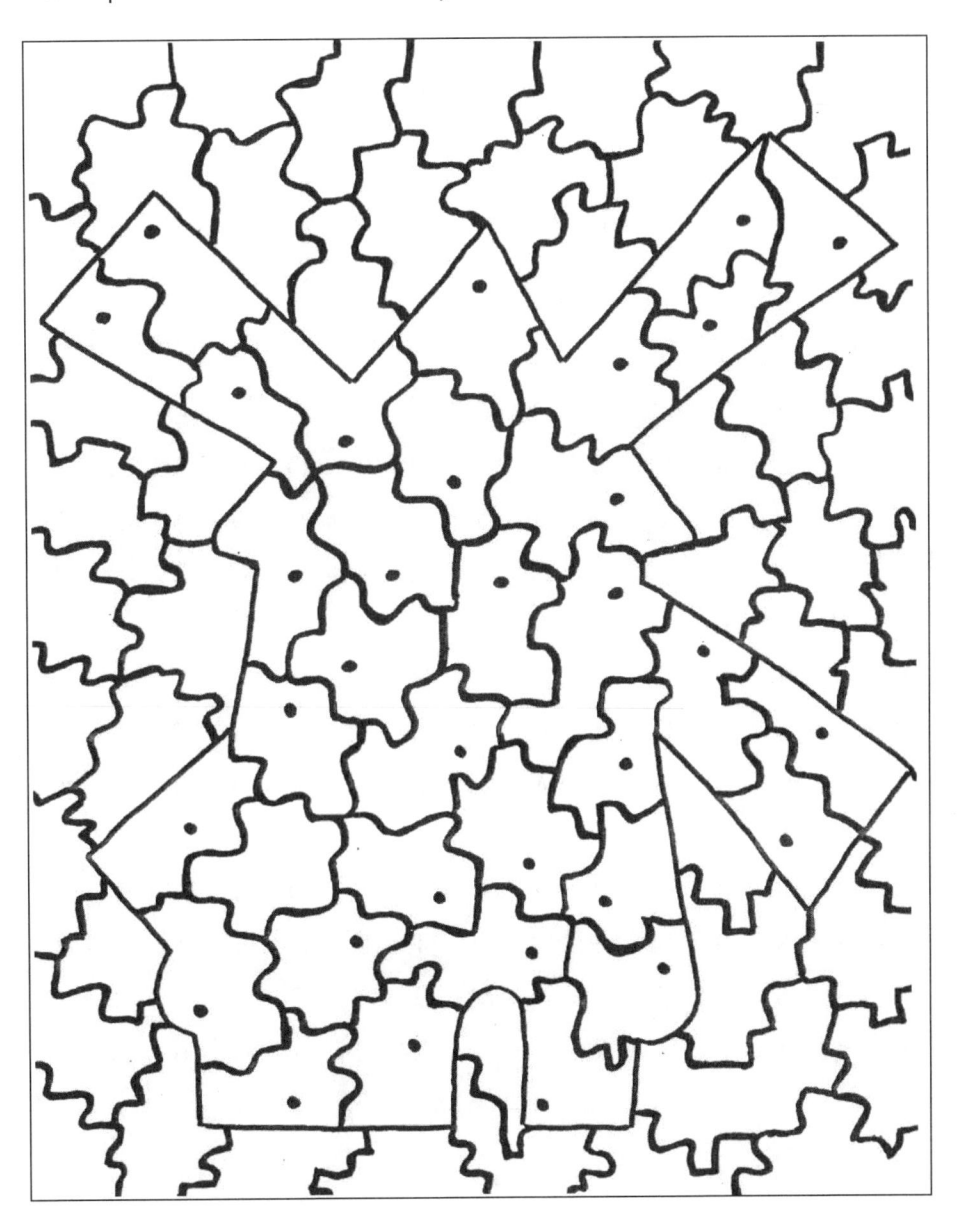

118. Atenção: localize uma série de números e letras no diagrama. Eles podem ser encontrados em linha reta, mas em qualquer direção. Podem estar de cima para baixo, de baixo para cima, na horizontal tanto da esquerda para a direita quanto da direita para a esquerda, na diagonal ascendente ou descendente tanto da esquerda para a direita quanto da direita para a esquerda. Os números e letras estão a seguir; marque-os com um lápis:

9S6M – 2B5C – N2V1 – 2L8K
2N8B – 1R8N – 7S2A – F8Q5

I	T	1	F	7	V	0	O	S	8	C	9	D	H	G
J	Y	U	R	Q	6	I	3	P	5	O	D	I	N	8
F	F	K	X	Z	A	4	Y	M	6	S	9	J	K	E
K	2	0	8	9	S	D	F	G	U	1	G	A	L	1
1	H	S	C	L	5	E	V	A	P	C	T	Z	P	F
6	7	T	V	1	2	6	2	R	5	9	U	I	O	0
N	J	5	B	Q	B	9	P	B	C	Y	5	Q	8	F
4	3	U	N	8	T	W	2	L	Q	T	0	X	2	6
2	M	N	2	V	1	M	R	A	R	P	A	N	R	E
C	L	7	U	G	V	A	E	Z	7	O	8	W	3	H
L	1	R	8	N	2	M	H	1	N	B	5	I	G	3
3	S	6	V	S	A	L	M	B	1	C	0	E	8	D
A	4	J	7	K	5	4	5	X	2	9	S	6	O	7

119. **Linguagem:** complete o quadro abaixo. Comece com as palavras de uma mesma fileira com a letra indicada à esquerda, e considere as categorias da parte superior do quadro para escrever uma palavra relacionada. Na primeira casa, você terá de escrever o nome de um pássaro que comece com a letra A; ao seu lado, uma cidade que comece com a letra A; ao seu lado, um veículo que comece com a letra A etc. Na segunda fileira, as palavras começam com a letra B, portanto, você terá de escrever o nome de um pássaro que comece com a letra B, ao seu lado, uma cidade que comece com a letra B, e assim sucessivamente.

LETRA	AVE	CIDADE	VEÍCULO	OBJETO	COR	FLOR
A						
B						
C						
G						
P						
L						

120. Memória: escreva o nome de 35 de objetos que podem ser encontrados em um salão de baile.

Pista...

121. **Atenção:** o nome das três meninas está ligado a seus animais de estimação. Indique o nome da mascote de cada menina.

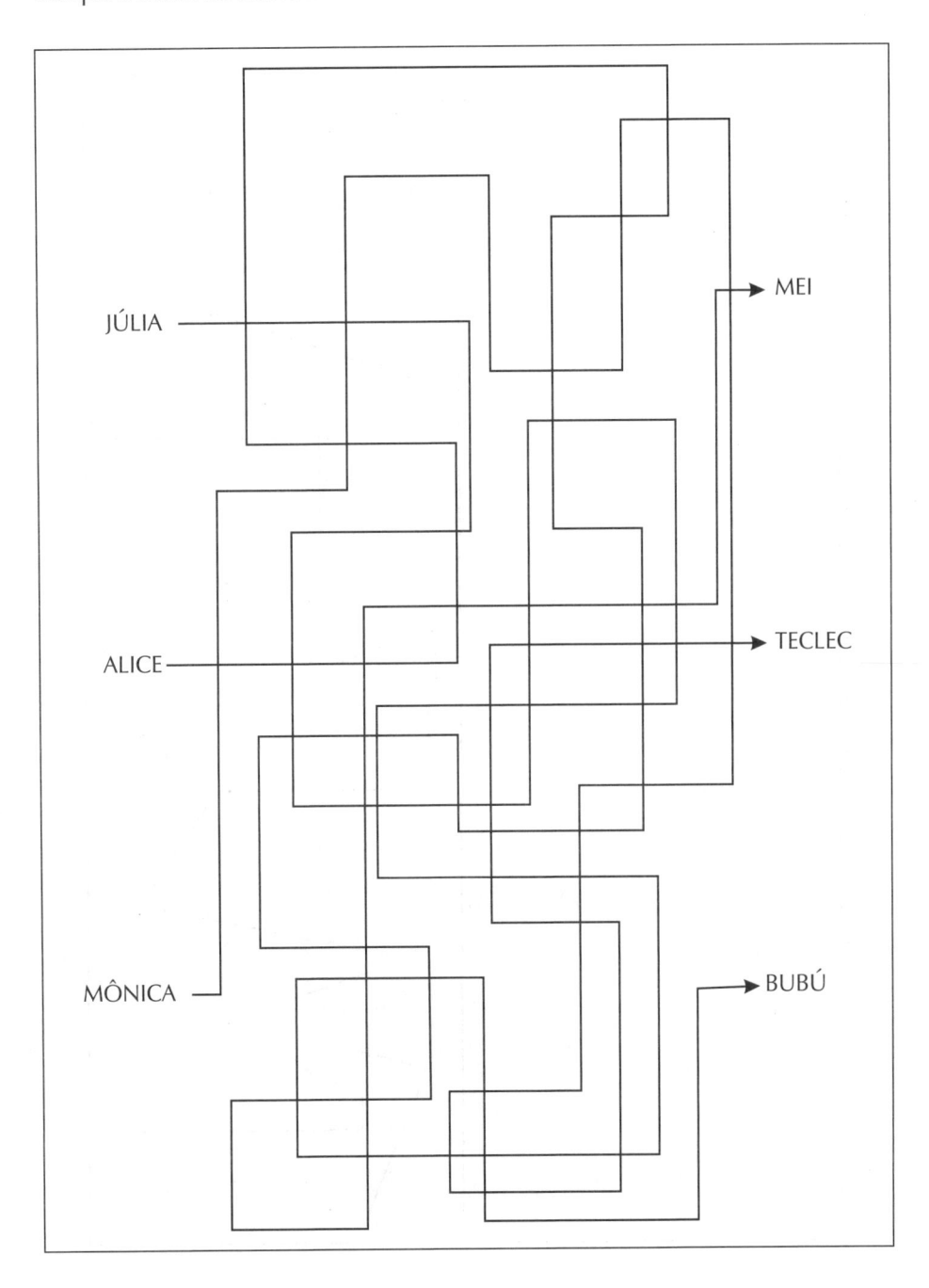

122. Orientação: copie, simetricamente, o seguinte desenho no retângulo da esquerda. Reproduza-o como se houvesse um espelho na linha central que separa os dois retângulos.

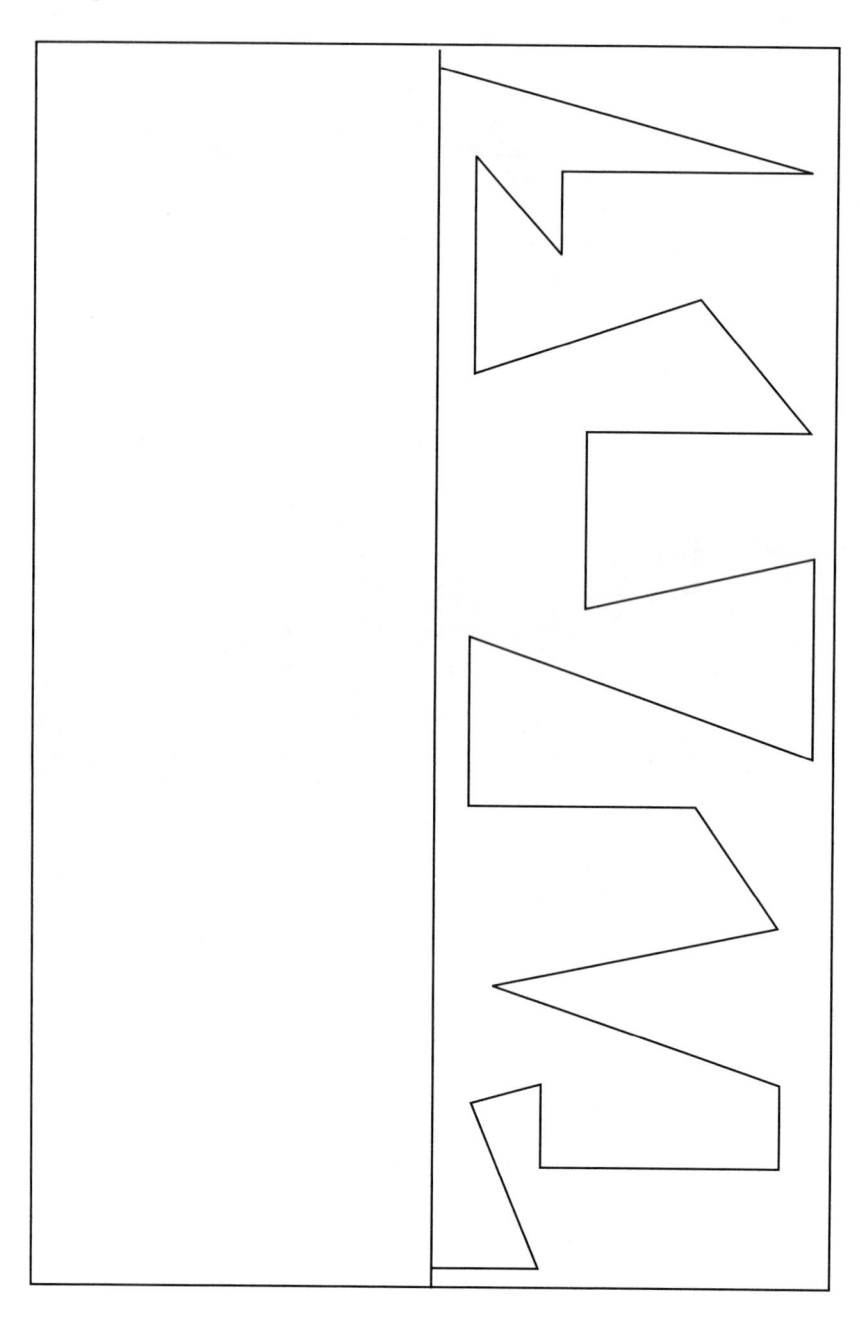

123. **Raciocínio:** marque, com um círculo, somente os números compreendidos entre 25 e 43, incluindo ambos, e entre 56 e 87, inclusive ambos também:

31	42	48	90	54	77	25	69
87	38	44	46	59	80	88	96
61	49	30	82	99	58	40	85
47	91	47	28	89	22	50	19
39	49	26	71	13	4	8	70
11	45	7	21	51	37	65	2
72	35	15	66	33	78	0	56
27	86	52	92	17	53	34	95
55	20	43	12	84	10	9	74
94	64	32	57	24	98	60	5
75	29	67	93	63	68	1	76
36	58	97	73	41	16	25	62
81	23	83	18	6	79	14	3

124. Linguagem: escreva 35 palavras terminadas em "**RA**":

Ca**ra**, ti**ra**...

125. **Atenção:** localize o número 1. Em seguida, trace uma linha reta do ponto 1 ao ponto 2, do ponto 2 ao ponto 3, e assim sucessivamente até o ponto 98. Quando terminar, qual é o animal revelado?

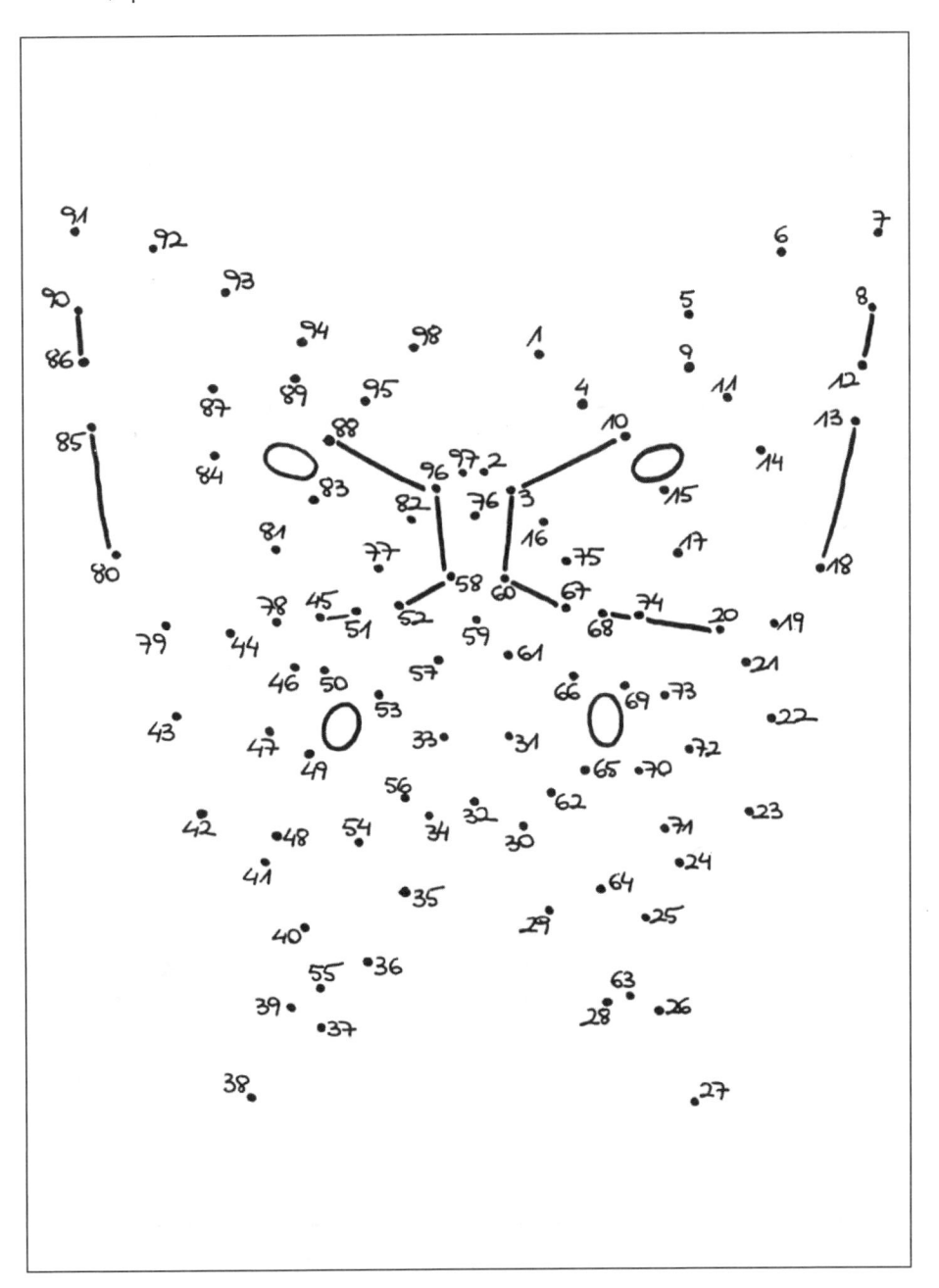

126. **Memória:** descreva como se pendura um quadro na parede.

Objetos necessários:

Procedimento:

127. **Linguagem:** escreva uma frase ou história curta com palavras de um mesmo grupo:

Exemplo

REUNIÃO – DISCUSSÃO – GATO – SALA
*Na reunião, originou-se uma discussão motivada
por um gato que entrou na sala.*

MEDALHA – JANTAR – RÁDIO – TAPETE

EXCURSÃO – BAILE – CHAPÉU – BENGALA

DESJEJUM – RUA – BILHETE – CACHORRO

POVO – NOTÍCIA – CORAL – FAMA

128. **Atenção:** qual é o objeto que mais se repete? Indique quantos há de cada um deles.

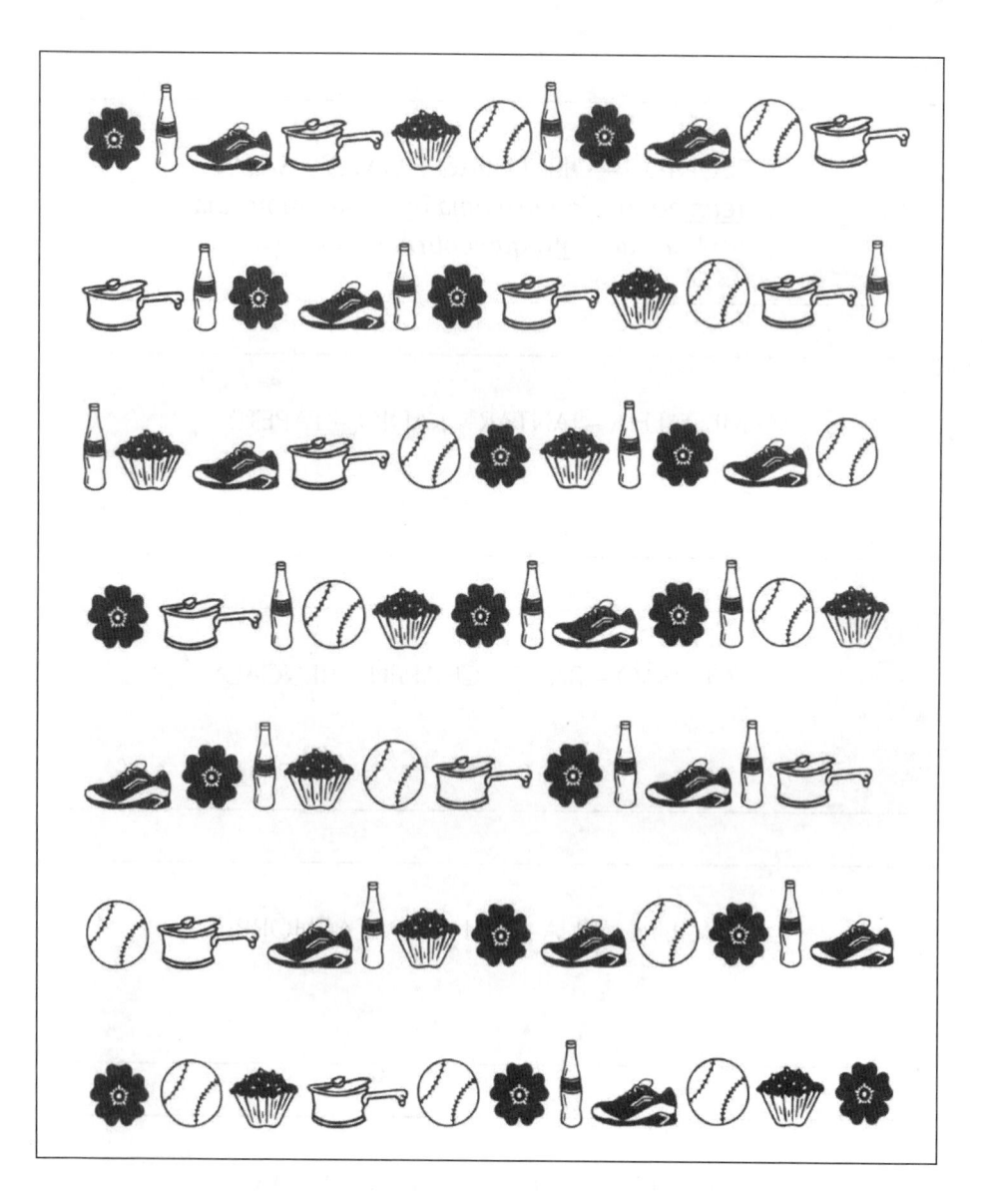

129. **Orientação:** siga as seguintes indicações: partindo da flecha situada no meio à esquerda, trace linhas retas de ponto a ponto. Trace doze pontos à direita, seis para cima, sete à esquerda, três para baixo, quatro à esquerda, quatro para cima, quatorze à direita, oito para baixo, seis à esquerda, três para baixo, sete à direita, dois para baixo, onze à esquerda, cinco para cima, três à esquerda, sete para baixo e cinco à direita.

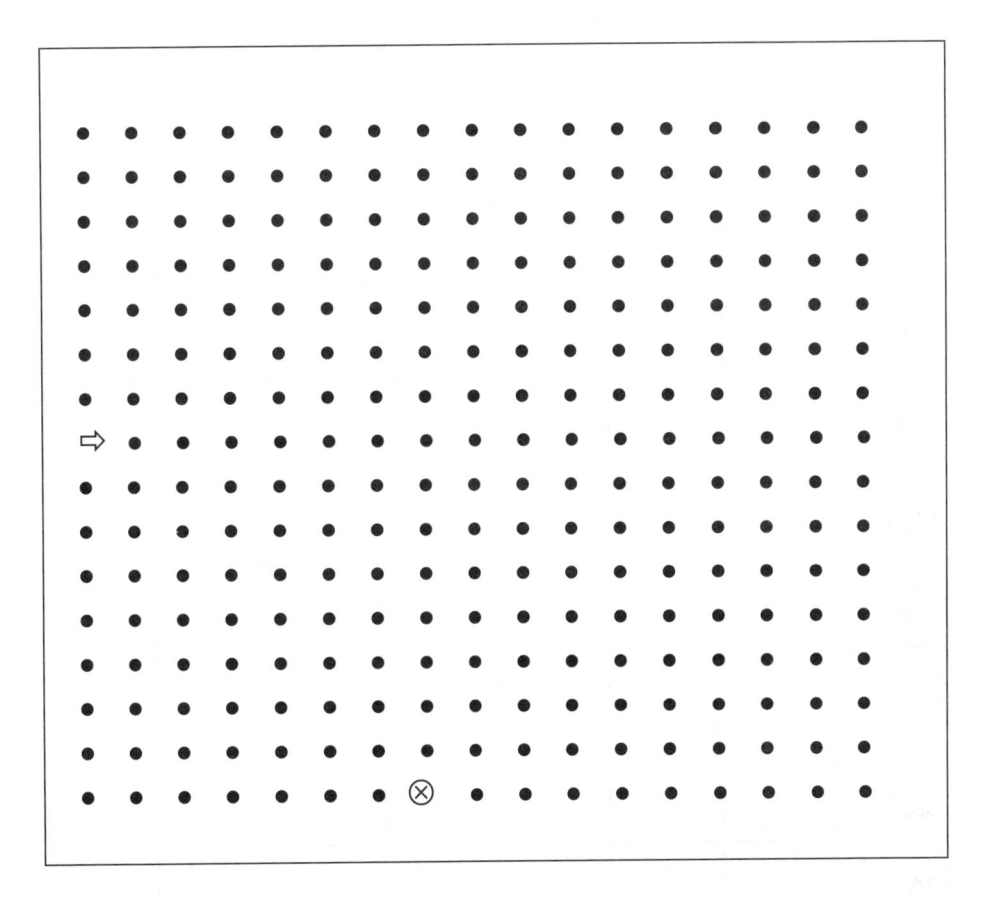

130. Praxia: copie os símbolos da esquerda nos quadrados de sua respectiva fileira.

♌							
♓							
♏							
μ							
♎							
♐							
♈							
♉							
♋							
♒							
♑							

131. **Raciocínio:** ordene os numerais de cada fileira *do menor para o maior*. Coloque os números nos quadros inferiores.

- 78 - 53 - 90 - 73 - 82 - 68 - 95 - 91 - 76 - 88

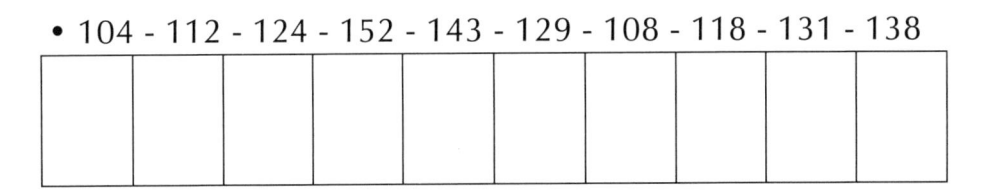

- 104 - 112 - 124 - 152 - 143 - 129 - 108 - 118 - 131 - 138

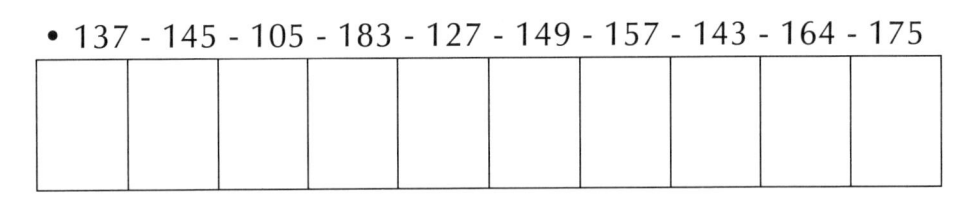

- 137 - 145 - 105 - 183 - 127 - 149 - 157 - 143 - 164 - 175

- 175 - 183 - 164 - 159 - 143 - 193 - 172 - 181 - 168 - 186

- 182 - 176 - 193 - 203 - 215 - 219 - 235 - 208 - 221 - 211

- 193 - 218 - 199 - 209 - 224 - 168 - 186 - 207 - 212 - 201

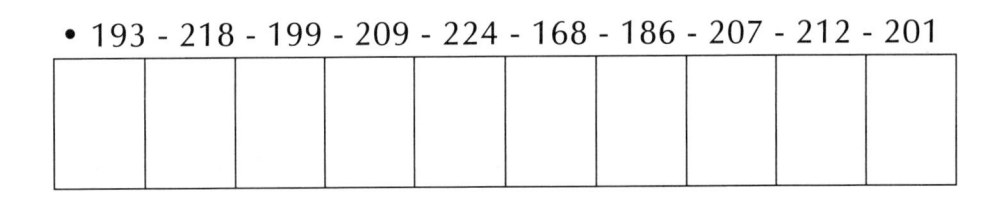

132. **Atenção:** trace com um lápis o caminho mais curto que leva ao círculo preto no losango central. Evite trajetos sem saída e busque um único caminho direto ao círculo. Antes de marcar o caminho, assegure-se de que está correto. Inicie o percurso do exterior.

133. **Memória:** escreva o nome de 35 objetos que podem ser encontrados em um estúdio de televisão.

Microfones...

134. **Orientação:** siga as seguintes indicações, usando como referência o seu próprio corpo: pinte de **VERMELHO** o retângulo à esquerda da letra T; pinte de **AMARELO** o retângulo à direita da letra A; pinte de **PRETO** o retângulo à direita da letra D; pinte de **VERDE-CLARO** o retângulo à esquerda da letra P; pinte de **ROSA** o retângulo à direita da letra O; pinte de **LILÁS** o retângulo à esquerda da letra B; pinte de **TURQUESA** o retângulo à direita da letra P; pinte de **MARROM** o retângulo à esquerda da letra O; pinte de **LARANJA** o retângulo à direita da letra S; pinte de **AZUL-MARINHO** o retângulo à esquerda da letra D; pinte de **CINZA** o retângulo à direita da letra T; pinte de **VERDE-ESCURO** o retângulo à direita da letra B.

P   A   S

T   E   B

O   L   D

135. Atenção: indique quais imagens são exatamente iguais.

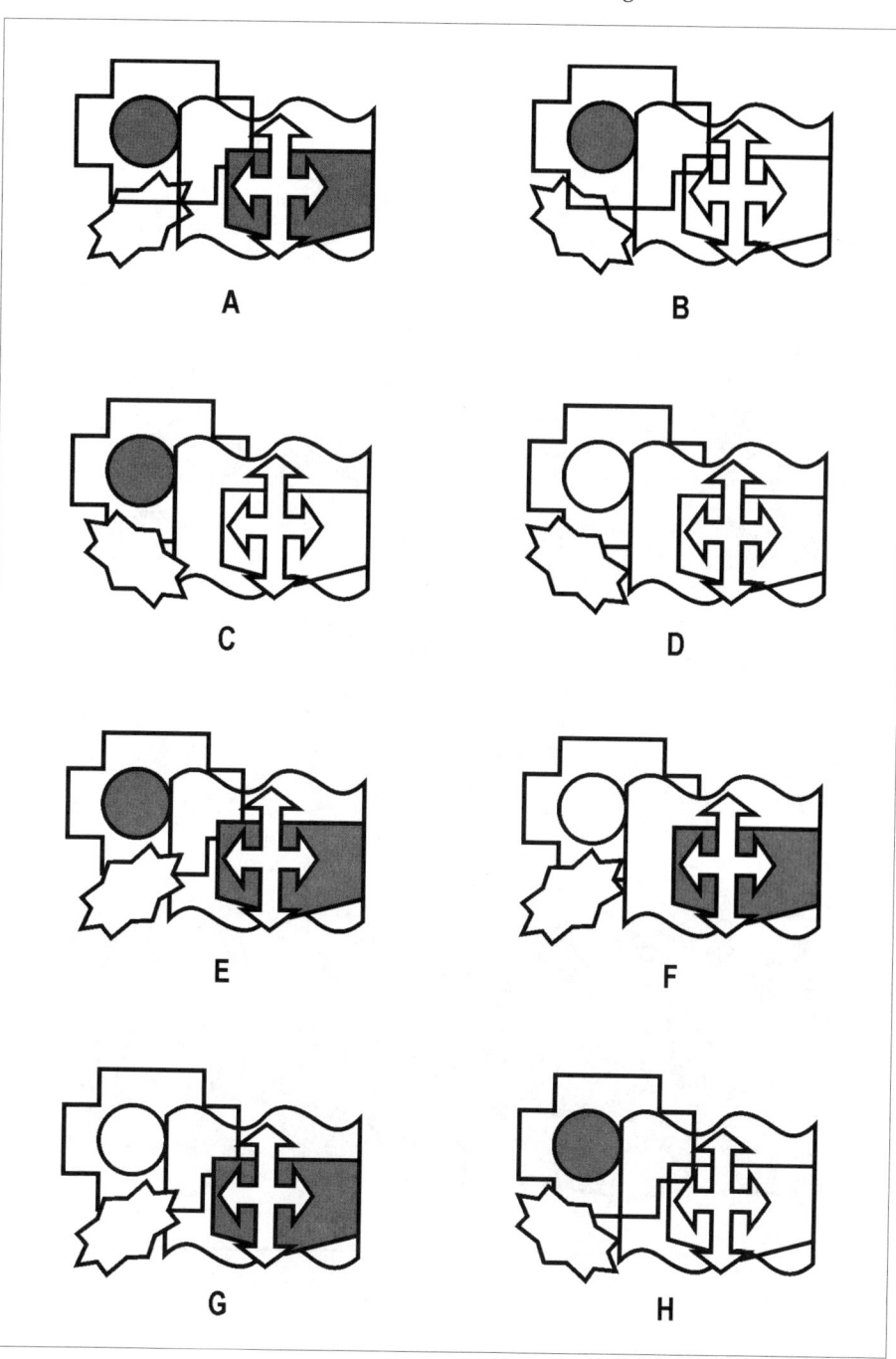

136. Raciocínio: agrupe losangos de seis em seis com uma linha, conforme mostrado. Quantos losangos sobram sem agrupar?

137. Linguagem: complete o quadro abaixo. Comece com as palavras de uma mesma fileira com a letra indicada à esquerda, e considere as categorias da parte superior do quadro para escrever uma palavra relacionada. Na primeira casa, você terá de escrever o nome de um eletrodoméstico que comece com a letra T; ao seu lado, um móvel que comece com a letra T; ao seu lado, um povo que comece com a letra T etc. Na segunda fileira, as palavras começam com a letra M, portanto, você terá de escrever o nome de um eletrodoméstico que comece com a letra M; ao seu lado, um móvel que comece com a letra M, e assim sucessivamente.

LETRA	ELETRO-DOMÉSTICO	MÓVEL	CIDADE	UTENSÍLIO DE LIMPEZA	HORTALIÇA	MAMÍFERO
T						
M						
E						
C						
P						
L						
G						

138. Associação: memorize um modelo, associando, para isso, cada lua com seu número correspondente. Em seguida, escreva da esquerda para a direita seu respectivo número embaixo de cada lua, conforme indicado:

Modelo

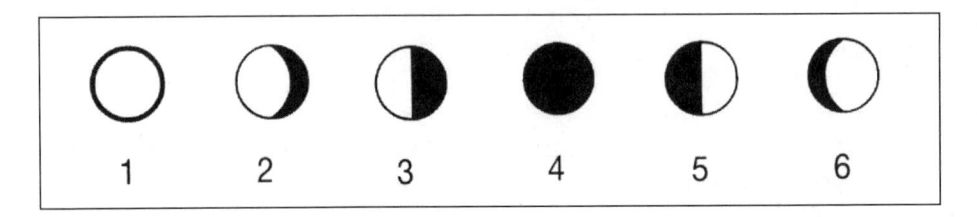

139. **Raciocínio:** complete as figuras que faltam tendo como referência o modelo; note que as figuras sempre seguem a mesma ordem.

Modelo

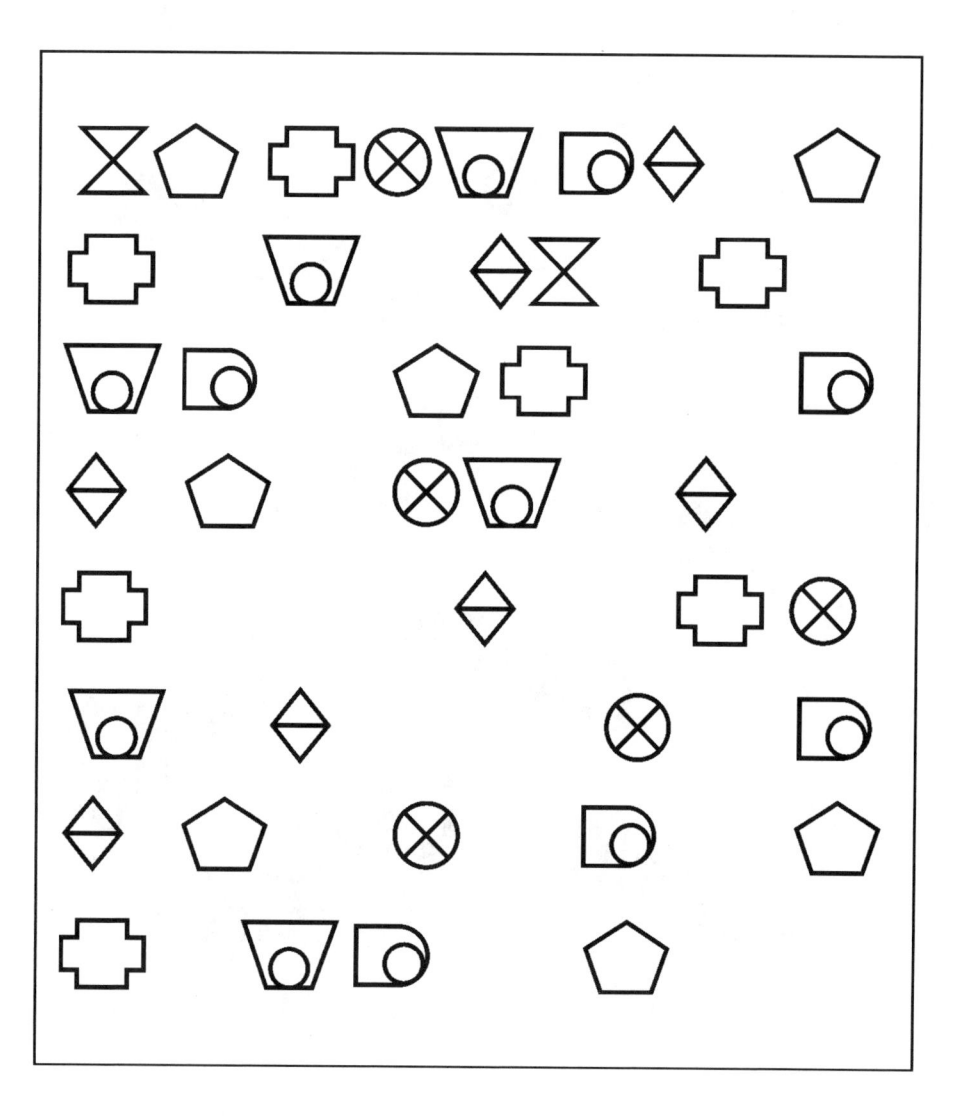

140. Memória: leia atentamente as palavras do quadro e tente memorizá-las. Depois, vire a folha e escreva o máximo de palavras que lembrar.

141. **Atenção:** localize uma série de números e letras no diagrama. Eles podem ser encontrados em linha reta, mas em qualquer direção. Podem estar de cima para baixo, de baixo para cima, na horizontal tanto da esquerda para a direita quanto da direita para a esquerda, na diagonal ascendente ou descendente tanto da esquerda para a direita quanto da direita para a esquerda. Os números e letras estão a seguir; marque-os com um lápis:

L6G7 – 4J7R – T9S3 – 9L5M

3R2H – 6U3V – 8L5C – S8D2 – L3D7

A	2	R	3	F	6	K	4	R	2	B	1	D	9	C
N	6	J	5	P	2	D	8	S	7	N	6	G	3	J
F	7	T	6	S	8	B	3	H	3	R	2	H	8	A
G	4	K	7	A	9	L	6	L	8	M	9	T	2	V
H	3	S	9	T	2	R	5	T	9	N	2	J	5	L
E	2	A	1	D	4	O	2	C	1	A	4	D	6	E
J	9	L	8	E	6	G	9	N	4	V	5	G	8	F
A	6	B	5	U	8	T	1	L	8	E	7	P	9	J
G	4	M	3	O	7	H	3	R	5	K	2	O	1	R
L	8	V	2	F	6	A	5	S	6	M	3	S	2	C
O	3	N	9	G	1	C	2	J	9	C	5	T	7	M
P	2	D	4	J	7	R	8	T	4	E	8	B	9	L
S	1	C	7	N	3	L	4	M	3	S	1	N	2	T

142. **Praxia:** sombreie com um lápis todas as peças que contêm um ponto em seu interior para obter a silhueta de um objeto.

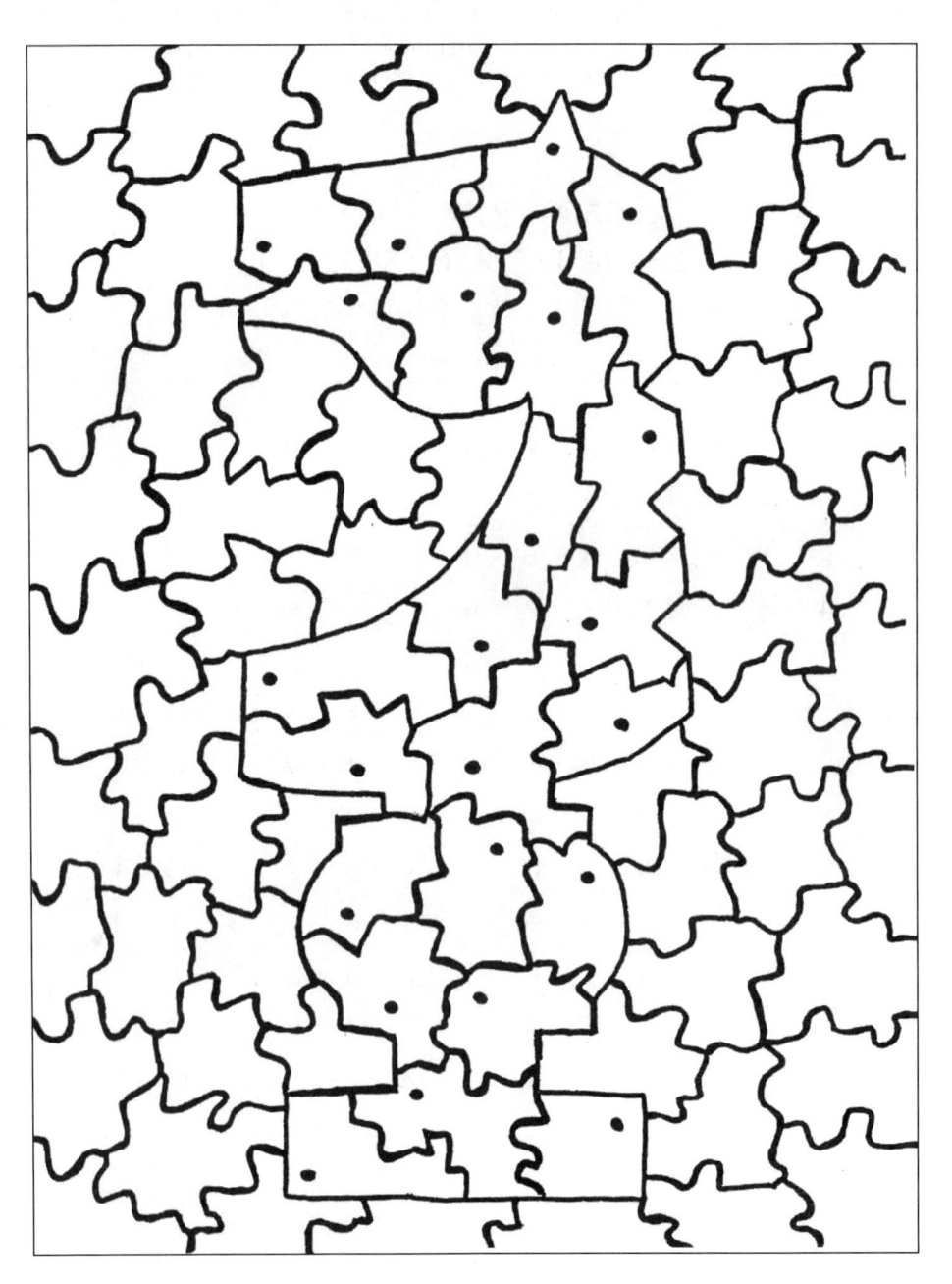

143. **Raciocínio:** leia o fragmento a seguir e responda às perguntas formuladas no quadro inferior:

Marta ficou de se encontrar com Maria e Mônica em uma loja de departamentos em sua cidade às 17:15h. Maria, devido a um congestionamento, chegou ao encontro 23 minutos mais tarde do que o combinado. Marta chegou ao ponto de encontro 8 minutos antes, e Monica chegou 11 minutos mais tarde do que Marta na loja de departamento.

a) A que horas Marta chegou ao encontro?
b) A que horas Maria chegou ao encontro?
c) A que horas Mônica chegou ao encontro?
d) Qual delas foi a última a chegar?
e) Quanto tempo Marta ficou esperando até que chegassem todas as suas amigas?

144. **Atenção:** sublinhe as palavras repetidas:

Oásis	Oceano	Olvidar	Ombreira
Obedecer	Oscilar	Onda	Oportuno
Ódio	Ocaso	Oferta	Outro
Ogro	Ofensa	Ordenar	Oxigênio
Oeste	Ocre	Orca	Ovação
Oficina	Olfato	Opinar	Ofício
Objetivo	Oculto	Orla	Oeste
Oxigênio	Odor	Ovelha	Oposição
Óbice	Ópera	Orgulho	Oleoso
Oficial	Ouvido	Orvalho	Olho
Ocorrer	Ocupar	Oscilar	Ópera
Oferta	Olheiras	Orquestra	Oferenda
Orelha	Óptico	Oculto	Orla
Ojeriza	Ouro	Ostra	Obeso
Ortivo	Órbita	Óleo	Oriente
Orégano	Otimista	Ósseo	Orifício

145. **Orientação:** siga as seguintes indicações, usando como referência o seu próprio corpo. Desenhe **um círculo** no centro do quadro, e à sua esquerda faça **um ponto de interrogação (?)**. À direita do círculo, desenhe **uma estrela de cinco pontas** e, debaixo dela, desenhe **um quadrado grande**, divida-o pela metade e dentro do triângulo inferior que surgiu desenhe um **pequeno círculo preto**. À esquerda do quadrado, escreva uma **palavra de quatro letras que comece com A** e, à sua esquerda, faça um **sinal de somar (+)**. Sobre o ponto de interrogação **escreva uma palavra de 10 letras** e, à direita dessa palavra, faça **uma seta que sinaliza para a esquerda**. No interior do círculo central, desenhe **uma seta que sinaliza para a direita**.

146. **Linguagem:** complete as frases a seguir:

• Hoje eu vi _____

• Neste Natal _____

• Espero _____

• Quando chove _____

• No mês que vem _____

• Penso muito em _____

• Ontem _____

• Se eu pudesse _____

• Não é certo que _____

• De manhã _____

• À tarde _____

• À noite _____

• Creio que _____

• Lembro-me como se fosse hoje _____

---

147. **Memória:** descreva como se prepara um suco de laranja.

Utensílios e ingredientes:

Procedimento:

148. **Atenção:** indique quantos relógios marcam os mesmos horários que estão nos relógios do modelo e escreva os resultados embaixo de cada um dos relógios do modelo.

Modelo

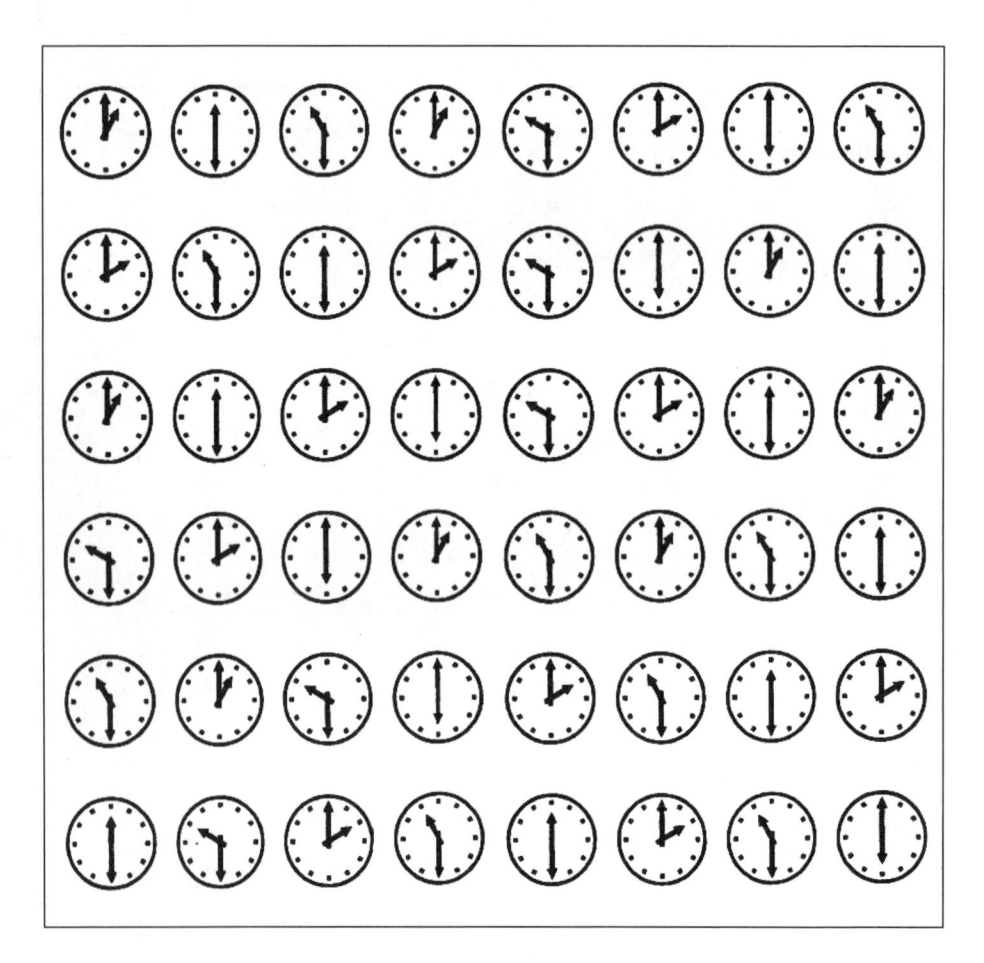

149. **Raciocínio:** resolva os seguintes problemas:

• André convida 4 amigos para tomar refrigerante numa lanchonete. O total da conta dá R$ 16,24 e é paga com uma nota de R$ 50,00. Quanto ele receberá de troco? _____

• Manuel comprou 5 carpetes que custou cada um R$ 14,25. Quanto ele pagou pelos 5 carpetes? _____

• Maria compra um estojo de R$ 3,45, um lápis de R$ 2,05 e uma cola. No total, pagou R$ 6,45. Quanto custou a cola?

_____

• Davi, o maior de três irmãos, tem de repartir entre todos os irmãos R$ 200,00 que sua tia Carla lhes deu. Quanto cada irmão deve receber? _____

150. Orientação: siga as seguintes indicações, usando como referência o seu próprio corpo: pinte de **AZUL-ESCURO** o retângulo abaixo da letra D; pinte de **LARANJA** o retângulo acima da letra E; pinte de **ROSA** o retângulo à direita da letra R; pinte de **VERDE-CLARO** o retângulo à esquerda da letra T; pinte de **AMARELO** o retângulo abaixo da letra S; pinte de **CINZA** o retângulo à direita da letra A; pinte de **AZUL-CLARO** o retângulo à esquerda da letra E; pinte de **VERMELHO** o retângulo abaixo da letra C; pinte de **PRETO** o retângulo à direita da letra E; pinte de **MARROM** o retângulo acima da letra T; pinte de **VINHO** o retângulo à direita da letra C; pinte de **VERDE-ESCURO** o retângulo abaixo da letra N; pinte de **LILÁS** o retângulo à direita da letra X.

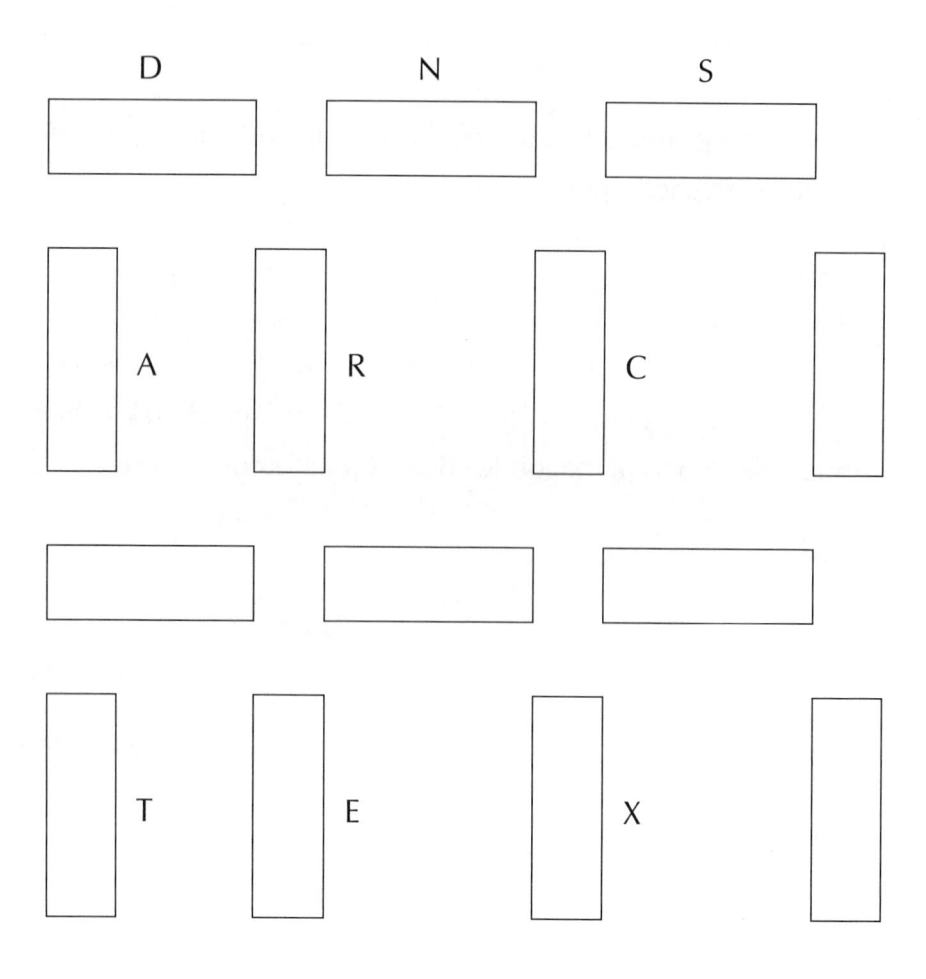

151. **Atenção:** quantas vezes cada capital se repete? Anote no quadro inferior e some o total.

Manila, Rabat, Riga, Camberra, Budapeste, Kiev, Berna, Bucareste, Oslo, Berna, Estocolmo, Riga, Manila, Rabat, Camberra, Kiev, Bucareste, Berna, Manila, Budapeste, Oslo, Kiev, Rabat, Manila, Rabat, Oslo, Berna, Kiev, Estocolmo, Camberra, Estocolmo, Riga, Bucareste, Oslo, Rabat, Budapeste, Kiev, Riga, Berna, Manila, Camberra, Manila, Berna, Riga, Oslo, Bucareste, Rabat, Kiev, Budapeste, Oslo, Manila, Estocolmo, Riga, Kiev, Oslo, Berna, Budapeste, Bucareste, Riga, Camberra, Rabat, Oslo, Estocolmo, Bucareste, Berna, Kiev, Manila, Berna, Camberra, Riga, Budapeste, Estocolmo, Berna, Bucareste, Oslo, Manila, Kiev, Berna, Budapeste, Riga, Camberra, Bucareste, Rabat, Oslo, Riga.

CAPITAIS	REPETIÇÕES
Manila (Filipinas)	
Camberra (Austrália)	
Rabat (Marrocos)	
Budapeste (Hungria)	
Bucareste (Romênia)	
Kiev (Ucrânia)	
Riga (Letônia)	
Berna (Suíça)	
Oslo (Noruega)	
Estocolmo (Suécia)	
TOTAL de capitais	

152. **Organização:** ordene cronologicamente o processo necessário para se cozinhar um arroz branco. Numere de 1 a 10 nos quadros da esquerda, do primeiro ao último passo:

	Leva-se a panela com água ao fogo.
	Acende-se o fogo.
	Adiciona-se um pouco de sal à água.
	Apaga-se o fogo.
	Escorre-se o arroz.
	Apanha-se uma panela.
	Retira-se o arroz do fogo.
	O arroz cozinha durante uns 20 minutos.
	Coloca-se água na panela.
	Quando a água ferve, acrescenta-se o arroz.

153. Linguagem: coloque em ordem alfabética as seguintes palavras:

Alfabeto

A B C D E F G H I J K L M N O P Q R S T U V W X Y Z

Fonte - Cor - Martelo - Sonho
Barco - Lago - Ponte - Aleta - Valor
Sueco - Riso - Cômico - Fúria - Massa
Cálido - Menor - Lento - Pluma - Banca
Ganhar - Dúvida - Halo- Vista - Remo

1.   13.

2.   14.

3.   15.

4.   16.

5.   17.

6.   18.

7.   19.

8.   20.

9.   21.

10.   22.

11.   23.

12.   24.

154. Atenção: encontre os seis números, entre 1 e 80, que não aparecem no diagrama. Escreva-os nos quadros que estão em branco.

12	7	46	28	10	34	60	14
58	24	68	16	49	52	4	26
30	66	1	75	71	23	57	43
53	15	72	40	79	69	6	31
41	27	64	55	8	78	67	19
3	47	17	80	50	13	73	37
36	20	63	44	29	77	2	62
51	32	5	74	61	54	45	39
11	56	42	38	18	65	25	70
33	21						

155. **Raciocínio:** escreva por extenso os seguintes números nos quadros da direita:

1.981	
34.302	
82.724	
390.101	
802.703	
930.620	
1.031.030	
2.000.105	
81.034.723	
47.082.304	

156. Linguagem: ordene as frases a seguir:

1. muito de a Luís divertida aniversário foi de festa
2. à de devido cama de Maria está ontem da recaída febre
3. no passear saio meu diariamente para cachorro parque com
4. que loja na não o esquecesse é aventuras certo livro de
5. Suíça esquiar no toda a próximo na família irá Natal
6. de sempre supermercado algumas e fui coisas comprar deixei ao como
7. pela segunda-feira quebradas danificou telhado chuva telhas foram a tempestade que o muitas caiu na
8. Pepe saber quando para telefona para janta amanhã para se vir o puder a poderá

SOLUÇÕES

1. Um coelho:

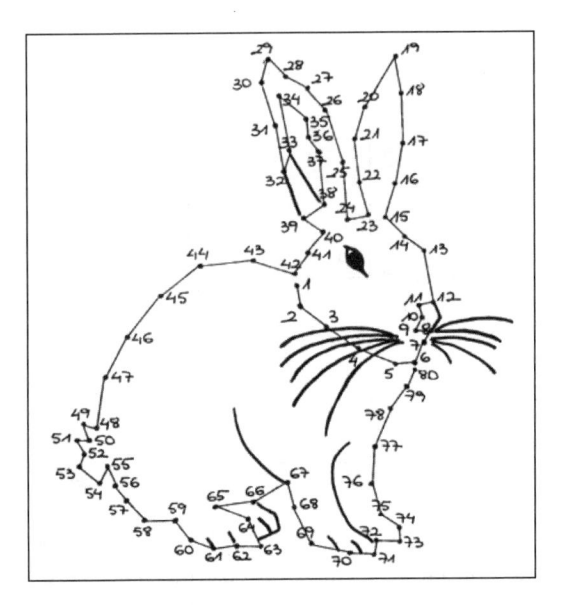

3. 1 – 2 – 6 – 2 – 3 – 4 – 6 – 1 – 5 – 4
5 – 2 – 4 – 6 – 1 – 2 – 5 – 3 – 4 – 1 – 3
1 – 2 – 5 – 4 – 6 – 5 – 2 – 1 – 3 – 4 – 2
3 – 5 – 6 – 1 – 4 – 2 – 5 – 3 – 6 – 1
1 – 4 – 2 – 1 – 6 – 3 – 5 – 1 – 4 – 2 – 5
5 – 1 – 3 – 4 – 5 – 2 – 1 – 2 – 6 – 4 – 1
6 – 4 – 1 – 2 – 6 – 5 – 1 – 4 – 3 – 5
1 – 5 – 3 – 6 – 4 – 5 – 2 – 6 – 1 – 4
3 – 1 – 6 – 2 – 5 – 4 – 1 – 2 – 3 – 4 – 1

4. 13 – 32 – 54 – 61.

5. Melão, banana, melancia, maçã, mamão, manga, amora, kiwi, cereja, laranja, limão, figo, uva, morango, framboesa, abacaxi, carambola, jabuticaba, goiaba, ameixa, banana, caju, maracujá, acerola, romã...

6. Restam 2 estrelas.

9.

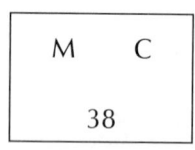

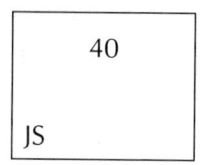

10. Há 12 notas, 16 chapéus, 10 pastéis, 16 taças, 13 balões, 14 sorvetes e 9 cornetas. Os chapéus e as taças são os que mais se repetem.

11.

13	34	43	56	62	67	72	78	81	89
19	22	29	36	42	65	74	80	87	92
15	28	33	39	47	62	66	75	85	93
17	34	36	43	56	63	65	69	71	96
32	35	39	41	43	47	51	58	62	67
63	65	71	73	75	78	91	94	95	98

12.

	A	B	C	D	E	F	G	H
1					●		⑧	
2		③						
3					⊙			
4				✕			☾	
5						◗		◆
6	※							
7			✚		✓			
8		◈						
9						✳		

13. 1 – 5 – 6 – 9 – 10 – 12.

14. *Ingredientes*: batata, cebola, azeite, sal e ovos.
Procedimento: acende-se o fogo, coloca-se uma frigideira no fogo e dentro dela um pouco de azeite. Quando o azeite estiver quente, acrescenta-se a cebola cortada em pedacinhos e, antes de dourar, adiciona-se as batatas já descascadas e cortadas em cubos. Acrescenta-se um pouco de sal. Tapa-se a frigideira e deixa esquentar até que cozinhe. Retira-se do fogo e mistura-se com os ovos previamente batidos e deixa marinar por um tempo. Volta-se a aquecer a frigideira com muito pouco azeite, entorna-se a batata, a cebola e o ovo em fogo baixo, vira-se com uma escumadeira quando estiver dourada e deixa-se um tempo do outro lado até que doure também. Apaga-se o fogo e está pronta para servir.

15. Bicho, calma, creme, saúde, saber, rádio, fonte, comer, cisne, amigo, salto, resto, sábio, verde, volta, conde, sítio, carta, força, touca, falar, areia, peito, lindo, pedra, passo, leite...

16. B-G / C-H.

17. Acelga, aipo, couve, espinafre, repolho, couve, rúcula, ervilha, vagem, beterraba, cenoura, mandioca, rabanete, batata, alho, cebola, alcachofra, brócolis, couve-flor, abóbora, abobrinha, berinjela, chuchu, jiló, pepino, pimentão, quiabo, tomate, acelga, aipo, aspargo, palmito...

18.

a) $9 + 8 + 7 - 4 + 6 - 8 - 4 + 9 + 5 - 3 = 25$
b) $8 + 3 + 5 - 4 + 9 + 2 - 7 + 3 + 6 - 9 = 16$
c) $2 + 7 + 9 - 6 + 4 - 8 + 3 + 7 - 8 + 4 = 14$
d) $5 + 3 + 6 + 2 - 9 - 6 + 5 + 8 - 3 - 4 = 7$
e) $7 + 6 + 7 - 8 + 5 - 3 + 8 - 9 - 5 + 6 = 14$
f) $6 + 9 + 5 - 4 - 7 + 6 + 3 + 7 - 8 - 5 = 12$
g) $4 + 7 + 8 + 3 - 9 - 5 - 6 + 3 + 7 + 9 = 21$
h) $2 + 4 + 7 + 5 - 8 - 4 - 3 + 6 + 6 + 7 = 22$
i) $9 + 5 + 2 - 4 + 5 - 6 + 9 - 8 + 3 - 5 = 10$

19. Felino, felicidade, feio, ferido, Fernando, fenício, fenda, feijão, fêmur, fervente, fetiche, feroz, feudal, fervilhar, ferroviário, fé, festivo, festival, felpudo, Felipe, fecundar, feminino, fenômeno, feto, feno, feijoada, fechar, fétido, fermentado, federação, ferrão, ferocidade, fecho, febre, fel, férrico, felinidade...

20. Há 30 mãos diferentes.

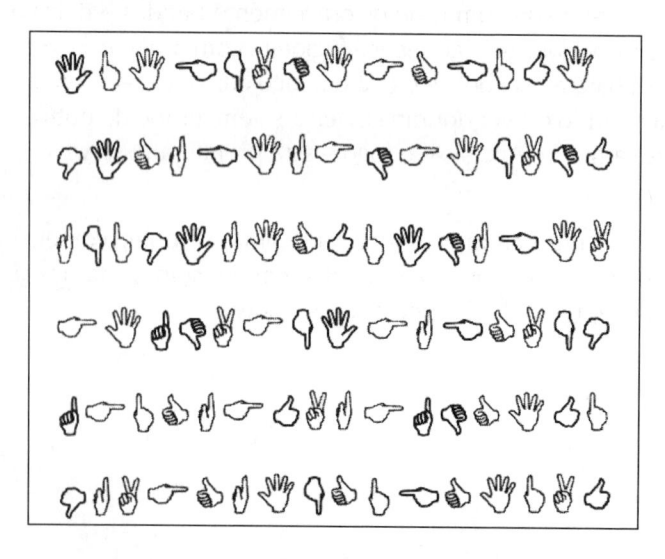

188

21. Chaleira:

22. 758, 904, 389, 476, 1.531, 6.247, 28.020, 13.702, 72.000, 47.073, 317.034, 700.382, 250.035.

23. O dia amanheceu *nublado*.
A casa era *muito acolhedora*.
O cachorro *dormia* no jardim.
A *música* ecoava na rua
Meu *pai* virá para a *ceia*.
Hoje estou *muito contente*.
Rapidamente *chegará o verão*.
Ontem *recebemos uma ligação de minha irmã*.
Amanhã *iremos passear na praia*.
Fui fazer *compras na quitanda*.
Gostaria de *cantar* e *dançar neste fim de ano*.
Prefiro *rir* a *chorar*.
A maioria *das pessoas* pensa que *interpreta corretamente*.
Na Catalunha *vive-se muito bem*.

25. Pilar-Luís
Bianca-Paulo
Rita-Oscar

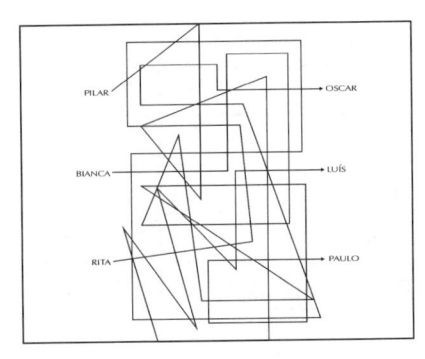

26.

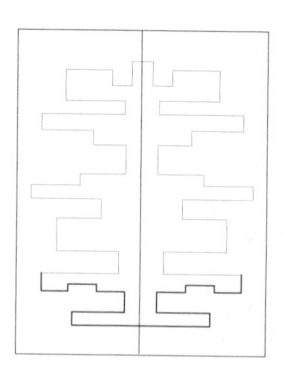

27. *4 letras*: dedo, dado, dote, duna, dama, dano, duro, diva, doca, dica, doer, data, dedo, deia, dela...
5 letras: dardo, delta, digno, deusa, débil, dedal, dedar, denso, disco, dever, duplo, drama, deixa, dedão, datar...
6 letras: descer, desejo, década, dezena, dilema, duende, delfim, dominó, doutor, dragão, dorsal, dormir, deitar, dançar, diurno...
7 letras: decente, decidir, debater, decisão, dedurar, diploma, defeito, delícia, delirar, destoar, demanda, delgado, déficit, delatar, decimal...
8 letras: dinastia, decisivo, deformar, decretar, dentista, dinamite, distinto, divórcio, doutrina, demarcar, disposto, destreza, decaedro, deicídio, desjejum...

28.

CAPITAIS	REPETIÇÕES
Paris (França)	10
Bruxelas (Bélgica)	9
Lisboa (Portugal)	7
Londres (Inglaterra)	10
Atenas (Grécia)	7
Pequim (China)	8
Cairo (Egito)	6
Tóquio (Japão)	8
Roma (Itália)	8
Viena (Áustria)	7
TOTAL de capitais	80

29. Calça, camiseta, camisa, vestido, blusa, agasalho, *short*, meia, pijama, sandália, sapato, tênis, chapéu, xale, bata, camisola, saia, cueca, calcinha, sutiã, cinto, espartilho, corpete, colete, saiote, sári, túnica, quimono, toga, beca, polo, maiô, ceroula...

30.

Rir → Chorar	Aumentar → Diminuir
Norte → Sul	Duro → Mole
Subir → Descer	Fazer → Desfazer
Céu → Inferno	Divertido → Chato
Esticar → Retesar	Falar → Calar
Proibir → Liberar	Amar → Odiar
Pegar → Soltar	Construir → Destruir
Sonho → Pesadelo	Limpar → Sujar
Pendurar → Desprender	Tranquilo → Intranquilo
Comprar → Vender	Culto → Inculto
Rápido → Lento	Sensível → Insensível
Suave → Rude	Proteger → Perseguir

31.

32.

33. • No último *sábado*, peguei minha *sombrinha* e fui passear num parque cheio de *flores* tomando um *refresco*.

• Saí do *cinema*; de repente bateu um forte *vento* e depois de atravessar o *semáforo* entrei na loja de *tênis*.

• *Paula* foi ao *dentista*, e enquanto aguardava escutou uma *canção* *sobre* o mar.

• Os *políticos* concentraram-se no *hotel*; muitos *fotógrafos* esperavam debaixo da *chuva*.

34. 1 – 2 – 6 – 1 – 3 – 4 – 2 – 5 – 1 – 3
6 – 1 – 5 – 4 – 2 – 3 – 1 – 5 – 6 – 2 – 3
2 – 4 – 1 – 6 – 3 – 1 – 5 – 6 – 5 – 4 – 1
3 – 6 – 1 – 3 – 2 – 5 – 3 – 1 – 4 – 1 – 6
6 – 2 – 5 – 4 – 3 – 6 – 1 – 3 – 6 – 3 – 1
2 – 3 – 6 – 5 – 1 – 4 – 2 – 6 – 3 – 5 – 3
4 – 6 – 5 – 3 – 6 – 2 – 3 – 6 – 4 – 3 – 1
3 – 2 – 6 – 4 – 2 – 5 – 6 – 1 – 3 – 6 – 4
5 – 3 – 2 – 6 – 1 – 4 – 5 – 3 – 2 – 4 – 6

36. Foca:

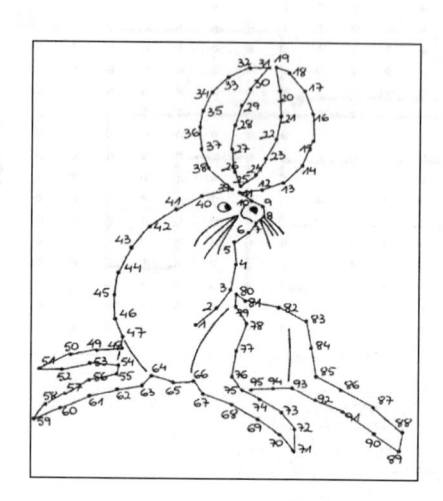

37. Cadernos: R$ 4,05 / Tomates: R$ 2,55 / Por neto: R$ 47,50 / Sobrou-lhe: R$ 0,65 / O equipamento custa: R$ 120,05.

39. Cachorro, lobo, rato, cavalo, galinha, sapo, coelho, girafa, rinoceronte, búfalo, leão, elefante, ovelha, papagaio, vaca, gazela, águia, tartaruga, avestruz, zebra, hipopótamo, crocodilo, tigre, urso, alce, polvo, pinguim, tubarão, baleia, foca, periquito, cascavel, camaleão, boi, cervo, pantera...

40. Rota, seta, teta, marreta, beta, careta, luneta, perneta, maçaneta, revista, realista, taxista, meta, pata, gata, jota, menta, solta, cesta, mureta, santa, pauta, neta, entrevista, colorista, machista, porta, ciclista, eletricista, radialista, festa, bata, pinta, boceta, economista, turista, racista, flauta, lata, nata, trapezista, rata, chata, regata...

41.

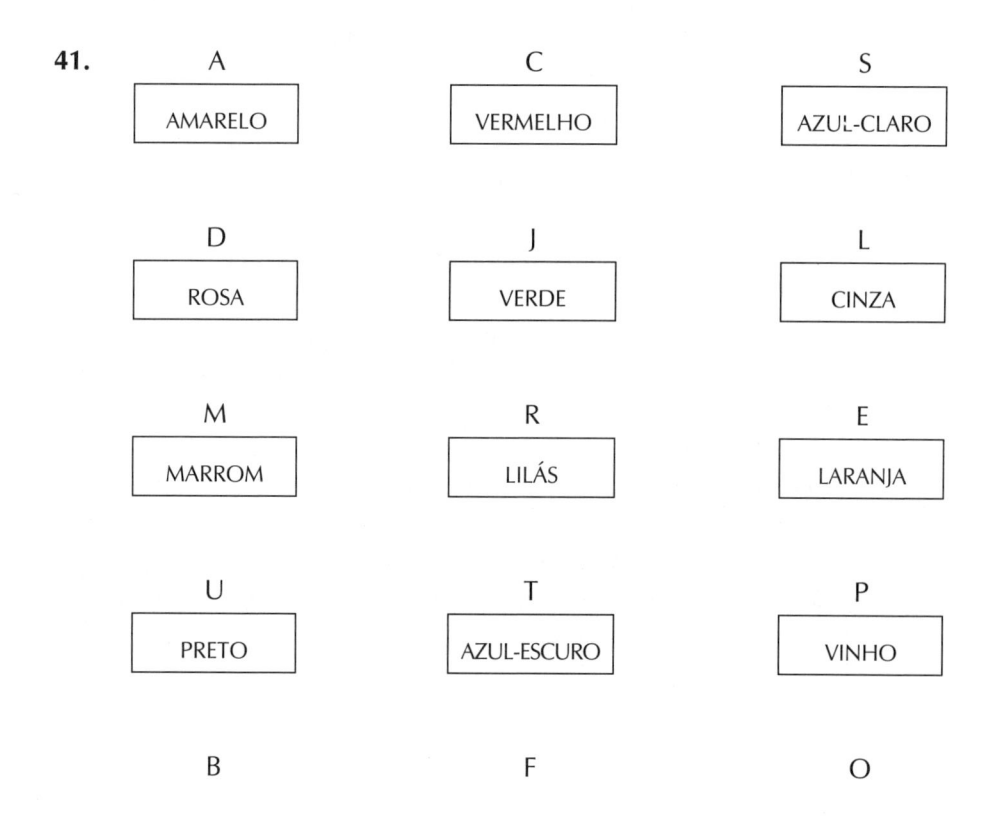

A	C	S
AMARELO	VERMELHO	AZUL-CLARO
D	J	L
ROSA	VERDE	CINZA
M	R	E
MARROM	LILÁS	LARANJA
U	T	P
PRETO	AZUL-ESCURO	VINHO
B	F	O

42.

Planta	Perfil	Parto	Pegar	Pera
Palma	Pavão	Passado	Povo	**Papel**
Poder	**Planta**	Pastilha	Projétil	Pensar
Pátio	País	Pata	**Palma**	Pétala
Poro	Passa	Peso	Pobre	Pesca
Papel	**Palma**	Patim	Pedir	**Poro**
	Parque	**Pátio**	Pena	Piano
	Partida	Pérola	Perder	Picar
	Parreira	Pedra	Proa	Piar
	Piloto	**Papel**	Pilha	**Pátio**
	Porta	Prazo	Perdiz	Pizza
	Pagar	Peça	**Poder**	Podar
	Poder	**Planta**	Palmo	Praça
	Pinça	Pistola	Porto	Polia
	Polvo	**Poro**	Pesar	Pilar
	Pagar	Prato	Pedal	Parada

43. *4 letras*: polo, piso, peso, pera, pino, puro, pipa, pato, povo, pano, pomo, puma, pena, país, pear, peça, pelo, pele, paus, poça...

5 letras: picar, pisar, pluma, poema, palco, padre, podre, panda, parir, pesar, parto, pasto, pátio, pinto, pódio, pilha, perna, peixe...

6 letras: pelota, palito, peseta, pesado, paleta, peleja, página, papiro, pautar, perigo, penico, perene, pastor, pateta, pudico, pueril, pilhar, parede...

7 letras: pescado, partida, período, pantera, parcela, palavra, padecer, palácio, paladar, pelanca, pântano, perdido, pautado, psicose, pangeia, pélvico, pedante, pingado...

8 letras: paciente, película, persiana, prudente, pâncreas, panqueca, panorama, parábola, paralelo, parecido, protetor, projetar, promotor, propagar, própolis, pururuca...

45.

	A	B	C	D	E	F	G	H
1					●			
2	▣							
3		£		⑨			♥	
4								⊖
5			△				Đ	
6						◖		
7		{			④			
8				☺				
9					?			

46.

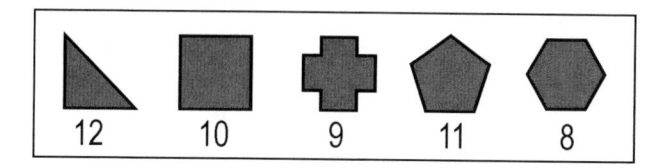

| 12 | 10 | 9 | 11 | 8 |

47.
- A manhã é *muito fria*.
- A noite é *muito longa*.
- O teatro era *majestoso*.
- A atuação foi *fantástica*.
- Meu *irmão* irá para a *França*.
- Passei hoje *em frente a sua casa*.
- No próximo mês *sairei de viagem*.
- Na próxima semana *celebraremos o meu aniversário*.
- Faz um ano *que mudamos de andar*.
- Fomos *ao cinema assistir a uma comédia*.
- Não gosto *que gritem comigo*.
- Preferiria *que fizesse sol*.
- Quando você pode *ordenar o despacho?*
- Dizem que *choverá durante todo o final de semana*.
- Em Girona, *é possível desfrutar tanto das montanhas quanto da praia*.

49.

Rosa e margarida	Flores
Morango e melão	Frutas
Calças e blusa	Vestimentas
Colher e garfo	Talheres
Bicicleta e carro	Meios de transporte
Anel e pulseira	Adornos
Martelo e chave de fenda	Ferramentas
Liquidificador e tostadeira	Eletrodomésticos
Bacalhau e linguado	Pescados
Médico e advogado	Profissões
Conhaque e vodca	Bebidas
Tomilho e salsa	Temperos
Bola e boneca	Brinquedos
Primavera e verão	Estações
Açafrão e canela	Especiarias

50. 13 ciclistas, 11 motociclistas, 12 caiaquistas, 11 jóqueis, 17 esquiadores. Predominam os esquiadores, num total de 64 esportistas.

51.

NOME DE MULHER	Ana	Bianca	Carolina	Glória	Sonia	Laura
PESCADO	Arenque	Bagre	Cavala	Garoupa	Sardinha	Linguado
PROFISSÃO	Arquiteto	Borracheiro	Cirurgião	Goleiro	Sapateiro	Leiteiro
INSTRUMENTO MUSICAL	Alaúde	Baixo	Clarineta	Guitarra	Saxofone	Lira
PARTE DO CORPO	Axila	Bexiga	Cabeça	Garganta	Seios	Língua
ESPORTE	Atletismo	Basquete	Ciclismo	Golfe	Surfe	Luta greco-romana

52.

31	42	(48)	90	(54)	(77)	25	(69)
87	38	44	(46)	(59)	(80)	88	96
(61)	(49)	30	(82)	99	58	40	(85)
47	91	(47)	28	89	22	(50)	19
39	49	26	(71)	13	4	8	(70)
11	(45)	7	21	(51)	37	(65)	2
(72)	35	15	(66)	33	(78)	0	(56)
17	(86)	(52)	92	17	(53)	34	95
(55)	20	43	12	(84)	10	9	(74)
94	(64)	32	(57)	(24)	98	(60)	5
(75)	29	(67)	93	(63)	(68)	1	(76)
36	(58)	97	(73)	41	16	25	(62)
(81)	23	(83)	18	6	(79)	14	3

53. Fax, fotocopiadora, telefone, calculadora, impressora, caixa-forte, moedas, notas, calendário, relógio, lápis, caneta, cartão de crédito, cheque, porta giratória, alarme, guarda, fila, canhoto, caixa eletrônico, recibo, boleto, extintor, ar-condicionado, porta, armário, cadeira, clips, carimbo, grampeador, papel, arquivo, pasta, divisória, mesa, ventilador, pasta, cola, cafeteira, bebedouro...

55.

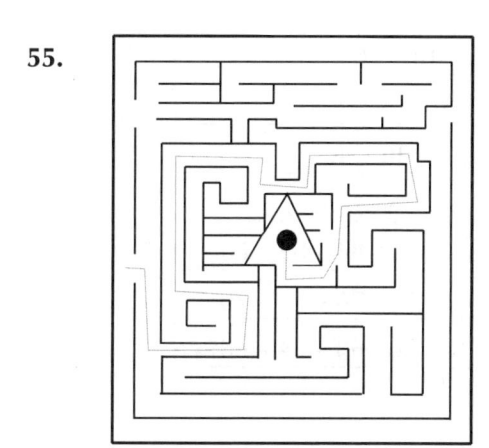

56. 1. Arte / 2. Claro / 3. Dama / 4. Dor / 5. Educado / 6. Fama / 7. Fraque / 8. Imagem / 9. Ilha / 10. Jota / 11. Jurar / 12. Lago / 13. Lua / 14. Mar / 15. Nabo / 16. Nunca / 17. Pau / 18. Pilha / 19. Rajada / 20. Rifa / 21. Suave

58. D-G / C-H.

59. Sueca, penca, banca, anca, óptica, vaca, oca, ética, música, réplica, pelanca, cerâmica, pesca, rubrica, física, química, hípica, típica, básica, faca, rústica, prática, política, túnica, biblioteca, mosca, teca, pública, marca, seca, fábrica, técnica, maca, manca, paca, pataca, estaca, barraca, fuzarca, cuca, arca...

60.

61.

2 – 4 – 6 – 8 – 10 – 12 – 14 – 16 – 18 – 20
3 – 6 – 9 – 12 – 15 – 18 – 21 – 24 – 27 – 30
4 – 8 – 12 – 16 – 20 – 24 – 28 – 32 – 36 – 40
5 – 10 – 15 – 20 – 25 – 30 – 35 – 40 – 45 – 50
100 – 98 – 96 – 94 – 92 – 90 – 88 – 86 – 84 – 82 – 80
100 – 97 – 94 – 91 – 88 – 85 – 82 – 79 – 76 – 73 – 70
100 – 96 – 92 – 88 – 84 – 80 – 76 – 72 – 68 – 64 – 60

62. 1 – 2 – 5 – 4 – 6 – 3 – 4 – 2 – 1 – 5 – 4 – 6
4 – 6 – 1 – 3 – 2 – 1 – 4 – 5 – 3 – 2 – 6 – 1
2 – 3 – 5 – 1 – 6 – 3 – 2 – 5 – 4 – 5 – 1 – 2
1 – 4 – 2 – 5 – 4 – 1 – 5 – 3 – 2 – 5 – 1 – 6
5 – 3 – 1 – 6 – 2 – 5 – 1 – 4 – 1 – 6 – 2 – 5
2 – 1 – 4 – 5 – 1 – 2 – 6 – 3 – 4 – 1 – 5 – 6
1 – 5 – 2 – 6 – 3 – 6 – 1 – 2 – 4 – 6 – 2 – 1

63. 1 – 5 – 7 – 9 – 12

64. Carro:

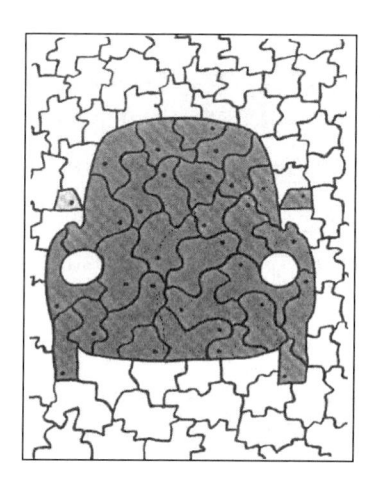

65.

1	O telefone toca.
2	Ir até o telefone.
3	Tirar o telefone do gancho.
4	Colocar o fone na orelha.
5	Dizer: "Alô?".
6	Identificar a pessoa que está ligando.
7	Falar ao telefone.
8	Despedir-se.
9	Colocar o telefone no gancho.

66. Há 58 flechas diferentes.

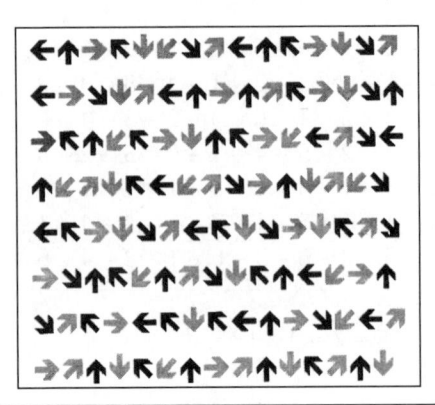

67.

1. Este ano, temos tido um verão muito quente.
2. Amanhã, se fizer sol, iremos passar o dia na praia.
3. Não é permitida a entrada de animais de estimação neste elevador.
4. É muito cedo para começar a organizar o jantar de fim de ano.
5. Na próxima terça, Raimundo irá de trem a Barcelona recolher as anotações.
6. O cachorro do vizinho saiu correndo atrás de um gato e voltou só dois dias depois.
7. O horário de visitas da casa de repouso é das dez da manhã até as oito da noite.

68.

378	Trezentos e setenta e oito
904	Novecentos e quatro
1.367	Mil trezentos e sessenta e sete
18.024	Dezoito mil e vinte e quatro
49.349	Quarenta e nove mil trezentos e quarenta e nove
90.002	Noventa mil e dois
275.736	Duzentos e setenta e cinco mil setecentos e trinta e seis
582.472	Quinhentos e oitenta e dois mil quatrocentos e setenta e dois
1.407.024	Um milhão quatrocentos e sete mil e vinte e quatro
4.060.241	Quatro milhões sessenta mil duzentos e quarenta e um

69. Menino Jesus, Maria, José, Reis Magos, manjedoura, palha, burro, vaca, ovelha, madeira, manto, mirra, ouro, incenso, estrela de Belém, pato, galinha, turbante, água, fogo, fogueira, boi, estábulo, anjo, trapos, alforje, deserto, pedra, cachorro, terra, camelo, brida, metal, tapete, anel, cabra, sandália, telhado...

70.

A – B – C ...	**D E F G H I**
K – L – M ...	**N O P Q R S**
G – H – I ...	**J K L M N O P**
O – P – Q ...	**R S T U V W X Y**
Z – Y – X ...	**W V U T S R Q P**
T – S – R ...	**Q P O N M L K**
J – I – H ...	**G F E D C B A**
N – M – L ...	**K J I H G F E D**
Q – P – O ...	**N M L K J I H**

71.

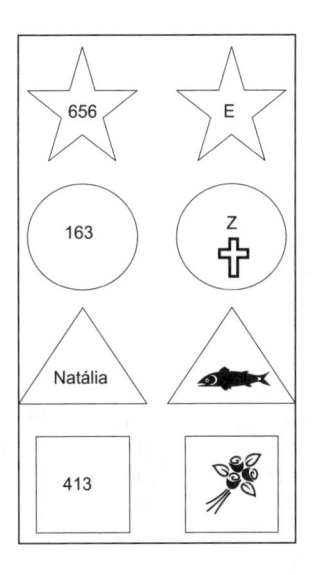

72. Maleta, música, comida, poente, ferino, desejo, estilo, xereta, camelo, perigo, parada, carona, penico, bilhar...

74.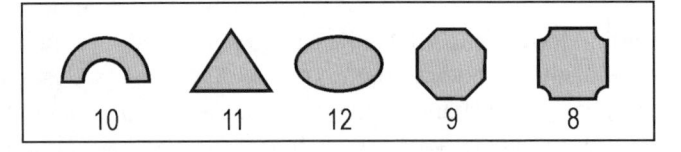

10	11	12	9	8

75.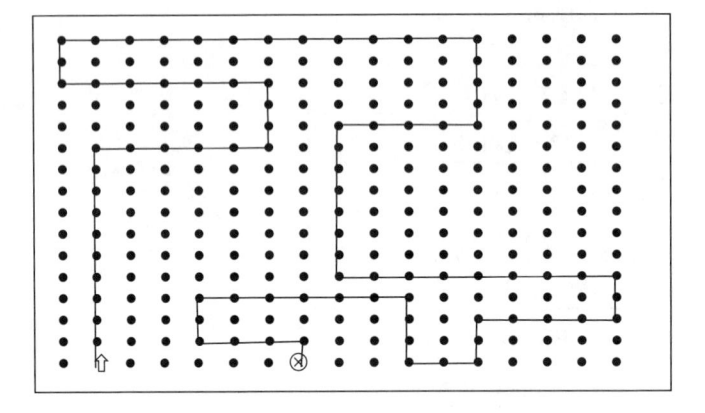

76.

77.

Soma	Saber	Sobre	Sifão	**Saltar**
Sorte	Savana	Seco	Silvar	Sombra
Soltar	Servir	**Sorte**	**Soltar**	**Semear**
Semear	Solar	Seita	**Salsa**	Sofá
Salsa	**Soma**	Selva	Sonhar	**Sítio**
Sítio	Sabre	Seguro	Sartã	Selo
Salto	**Salto**	**Sítio**	**Sorte**	Sobra
Saltar	Simples	Sócio	Sela	Soro
Série	Solo	**Saltar**	**Série**	**Soma**
	Semear	Soja	Signo	Situar
	Sábado	Saciar	Serra	Saldo
	Sério	Subir	Sépia	Suar
	Salsa	**Soltar**	Símio	Sopapo
	Seda	Sapo	**Salto**	Sujo
	Sair	Sari	Sermão	**Série**
	Suave	Sólido	Sereia	Sultão

79. *Objetos necessários*: agulha, fio, botão.
Procedimento: corta-se um pedaço de linha do carretel. Enfia-se a linha pelo buraco da agulha e dá-se um nó nas pontas. Atravessa-se o tecido pelo avesso com a agulha. Do outro lado, enfia-se a agulha pelo orifício do botão, puxa-se a linha mantendo o botão no lugar, passa-se a linha pelo outro orifício do botão, volta-se para o avesso e repete-se o processo até o botão estar bem preso. Então, arremata-se com um nó firme do lado do avesso e corta-se o restante de linha.

80.

27	34	51	68	72	75	86	89	93	98
17	26	39	47	58	62	71	82	85	93
46	53	61	64	79	82	89	93	103	110
35	39	54	57	62	69	78	109	117	131
61	75	84	89	91	105	123	141	151	169
108	112	121	134	143	149	163	173	192	195

81. Elefante:

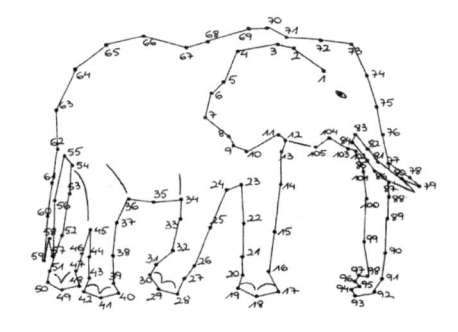

82. Travesso, trampolim, traqueia, trama, trapo, traste, transformação, tráfico, tráfego, traição, trator, tragédia, trapézio, trava, tração, tradição, tradução, trair, trâmite, trampolim, tranquilo, transferência, transição, transporte, trabalhador, trança, traça, transtorno, tratado, tratamento, travessia, trajeto, trauma, trazer, tralha, trago, trapaça, trapezista, trapaceiro, traidor...

84. Ruas, veículos, hospitais, parques, monumentos, metrô, edifícios, bares, fontes, pontes, cabines telefônicas, jardins, mesas, cadeiras, anúncios, rampas, mercados, bares, antenas, fios elétricos, ônibus, muros, pedras, monumentos, farmácias, padarias, restaurantes, papelarias, escolas, hotéis, postos de gasolina, pedras, postes, delegacias, árvores, casas, telhados, pessoas, *shoppings*, rios, lagos...

85.

Q	W	A	R	I	E	M	R	E	F	N	E	A	E	R	R
T	A	U	I	O	P	A	S	I	F	G	H	T	J	O	K
L	Z	U	A	C	V	B	S	M	P	O	I	U	T	P	U
O	A	S	X	U	A	I	O	C	T	Y	G	E	K	S	Y
I	A	D	M	I	O	R	V	S	N	H	R	P	H	I	T
U	N	F	L	V	L	I	E	J	A	I	B	A	U	C	R
Y	I	G	K	C	P	I	L	M	D	E	R	R	J	O	E
T	M	H	J	X	K	T	A	I	X	D	F	E	M	L	W
R	A	O	C	I	D	E	M	R	A	C	V	T	N	O	Q
E	D	L	O	P	Z	A	Q	W	S	R	A	O	H	G	A
W	O	V	I	T	A	R	T	S	I	N	I	M	D	A	S
Z	R	G	H	J	K	L	D	C	X	S	W	Q	A	Z	D
Q	X	C	V	B	N	M	E	R	F	V	B	G	T	Y	F
A	S	S	I	S	T	E	N	T	E	S	O	C	I	A	L

86.

NOME DE HOMEM	Álvaro	Bernardo	Carlos	Paulo	Mateus	Valdir	Luis
INSETO	Abelha	Barata	Cigarra	Pernilongo	Mosca	Vagalume	Louva--Deus
BEBIDA	Água	Batida	Café	Pinga	Martini	Vodca	Leite
PEÇA DE ROUPA	Agasalho	Bota	Calça	Pijama	Meia	Vestido	Liga
LOJA	Açougue	Barbearia	Cabeleireiro	Papelaria	Mercearia	Vidraçaria	Livraria
PAÍS	Austrália	Brasil	Canadá	Portugal	México	Vietnã	Lituânia

87. ▣ → 7B - 𝑒𝑟 → 5F - ★ → 9C - & → 3A

✻ → 6E - ଓ → 8G - ☑ → 2H - ◈ → 4C

⊗ → 8D - ✳ → 3D - ⊡ → 4G - ⊖ → 1B

88. Mar, areia, toalha, garrafas, lata, bolsa, protetor solar, barco, bote, remo, mastro, revista, jornal, rádio, barraca, quiosque, sorvete, livro, touca, salva-vidas, suco, coco, máquina fotográfica, bandeirola, rocha, caranguejo, castelo de areia, esteira, colchão, disco, bola, ducha, navio, plantas, banhistas, vendedores...

89. 24 termômetros, 29 pregadores, 23 cavalos, 29 velas e 32 âncoras. As âncoras são as que mais se repetem.

90.
• Amanhã irei *descansar* na *piscina* tomando *sorvete* com minha *família*.
• Fiz minha *mala* e peguei o *avião* para a viagem de *negócios*, mas esqueci o *telefone* em casa.
• Quando tocou a *campainha*, meu *neto* largou os *livros* e saiu com a professora para fazer seu *esporte* preferido: vôlei.
• O entregador, que passa todo dia de manhã de *bicicleta*, deixou meu *jornal* na *porta* do *vizinho* e foi embora.

91.

Xarope e cápsulas	Medicamentos
Quadro e escultura	Obras de arte
Violino e violão	Instrumentos de corda
Basquete e tênis	Esportes
Trombeta e trombone	Instrumentos de sopro
Mosca e abelha	Insetos
Café e chá	Infusões
Ervilha e feijão-verde	Vagens
Euro e dólar	Moedas
Cristianismo e budismo	Religiões
Itália e Alemanha	Países
Catalão e castelhano	Idiomas
Terra e Vênus	Planetas
América e África	Continentes
Cebolas e cenouras	Hortaliças

92. Vasilha:

93. 11 – 28 – 35 – 49 – 61 – 70.

94.

Aprovar → Desaprovar	Elegante → Deselegante
Positivo → Negativo	Cômodo → Incômodo
Doente → Saudável	Ascender → Descender
Incrédulo → Crédulo	Restar → Faltar
Privado → Público	Natural → Artificial
Receber → Dar	Religioso → Ateu
Barato → Caro	Moderno → Antiquado
Perseguir → Fugir	Cru → Tenro
Avançar → Recuar	Fácil → Difícil
Tapar → Destapar	Prestígio → Desprestígio
Responder → Perguntar	Ampliar → Reduzir
Estragar → Consertar	Prejudicar → Beneficiar

96. Resta uma meia-lua.

97.

CAPITAIS	REPETIÇÕES
Havana (Cuba)	10
Assunção (Paraguai)	9
Lima (Peru)	12
Caracas (Venezuela)	9
San José (Costa Rica)	6
Manágua (Nicarágua)	6
Quito (Equador)	8
Buenos Aires (Argentina)	8
Santiago (Chile)	7
TOTAL de capitais	75

98. 1. Carro / 2. Cebo / 3. Cristal / 4. Elegante / 5. Erosão / 6. Escova / 7. Livre / 8. Louro / 9. Luzes / 10. Mancha / 11. Migalha / 12. Moeda / 13. Nata / 14. Netuno / 15. Palma / 16. Pau / 17. Petróleo / 18. Rito / 19. Rocha / 20. Roubo / 21. Silvar / 22. Som / 23. Térmita

99.

100.
1 – 2 – 6 – 4 – 5 – 1 – 3 – 4 – 2 – 1 – 3 – 6 – 4 – 2
2 – 6 – 1 – 5 – 3 – 4 – 2 – 1 – 3 – 1 – 2 – 4 – 3 – 1
1 – 3 – 5 – 2 – 1 – 4 – 1 – 3 – 1 – 5 – 4 – 2 – 3 – 1 – 6
2 – 1 – 3 – 6 – 1 – 4 – 5 – 2 – 3 – 6 – 1 – 4 – 2 – 5
3 – 2 – 5 – 1 – 4 – 3 – 2 – 6 – 1 – 5 – 2 – 3 – 1 – 6 – 3
3 – 1 – 6 – 2 – 5 – 4 – 1 – 3 – 6 – 2 – 1 – 4 – 2 – 6
1 – 6 – 3 – 4 – 3 – 2 – 5 – 2 – 1 – 6 – 4 – 2 – 3 – 1
5 – 3 – 2 – 3 – 6 – 4 – 2 – 1 – 4 – 2 – 6 – 3 – 1 – 5

101. C-G / A-H.

102. Corista, cor, córnea, coral, corpo, cortejo, cortar, corneta, cordão, cordial, cordado, cordilheira, coreografia, coronel, coro, corporal, correr, corte, cortês, corcel, cortesia, corrupção, corrente, correspondência, corrigir, corpanzil, cordeiro, coroação, cortado, correio, corredeira, coriza, corar, corpete, corriqueiro, coragem, corvo, corda, correia, coreto...

103.

✖ → 6B	☈ → 4F	∾ → 3A	& → 9C
✱ → 8G	✾ → 5D	♥ → 2C	✳ → 7E
✰ → 7H	◻ → 8A	★ → 1G	× → 3H

104. Bilheterias, tela, extintores, saídas de emergência, entradas, projetor, filmes, lanternas, cortina, banheiros, bebedouros, balas, pipoca, refrigerante, sorvete, canetas, faixas de contenção, cartazes, dinheiro, caixas registradoras, escadas, música, assentos, atores, atrizes, legenda, *trailers*, lixeiras, alto-falantes, cadeiras, mesas, salas, portas, luzes, porta-latas, papéis, bilhetes, funcionários, ar-condicionado, decoração...

105. 1.213 / 20.401 / 70.807 / 50.640 / 92.017 / 74.062 / 310.014 / 850.020 / 450.101 / 340.025 / 1.340.000 / 5.203.006 / 2.019.030 / 6.006.066

106. Mesas, cadeiras, pratos, copos, garçons, panos de mesa, vasos, quadros, garrafas, comida, bebida, telefone, cozinha, banheiros, bandejas, taças, saleiros, pimenteiros, galeteiros, cafeteira, conta, caixa registradora, dinheiro, cartão de crédito, pia, talheres, geladeira, forno, lava-pratos, caneta, lápis, uniforme, avental, concha, molhos, temperos, privada, torneira...

107. 1 – 2 – 5 – 9 – 10

108. Menu semanal

Segunda-feira	Terça-feira	Quarta-feira
Espaguete Lombo com purê Maçã caramelada	Feijão com arroz Farofa Sorvete	Feijoada Arroz e farofa *Petit Gateau*
Quinta-feira	**Sexta-feira**	**Sábado**
Bife à milanesa Purê de batatas Mangas em fatias	Carne assada Batatas à francesa Torta de amora	Hambúrguer de soja Batatas fritas *Sundae*
Domingo		
Bacalhau à portuguesa Salada de folhas *Mousse* de morango		

109. Há 30 figuras diferentes:

110.

1. O forte vento arrancou três árvores da calçada.
2. Todo dia passo por essa rodovia para ir ao trabalho.
3. Paulo foi ao supermercado comprar bebidas para os convidados.
4. Pedro está estudando para chegar a ser um grande cantor profissional de ópera.
5. Liguei para o encanador para arrumar o estouro da água do lavabo.
6. Daqui a pouco irão transmitir pela televisão o campeonato de atletismo da Espanha.

7. O desenho de Carlos ganhou o primeiro prêmio no concurso da escola.
8. O carro danificou-se inoportunamente no caminho, quando estávamos indo visitar a família.

111. Palhaços, trapezistas, malabaristas, domadores, mágicos, bailarinos, tíquete, cordas, redes, lona, microfone, fantasia, trapézio, cartola, balões, pipoca, pirulito, picadeiro, serragem, areia, tambor, jaula, leão, elefante, arquibancada, bandeirolas, cavalo, buzina, bola, nariz de palhaço, chapéus, refrigerante, algodão-doce, frufru, chicote, cartola, coelho, tigre, pombas, lenços...

112.

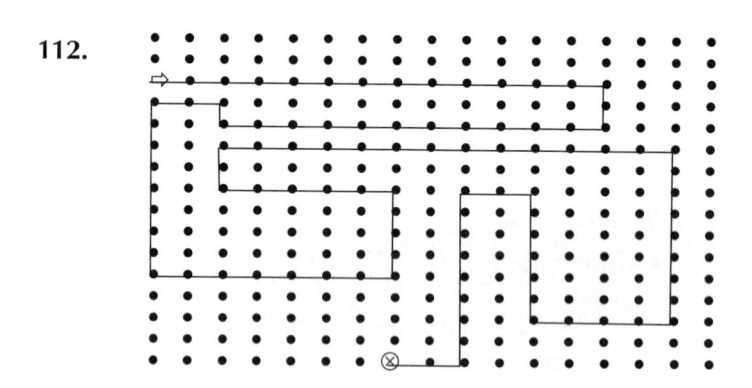

113.

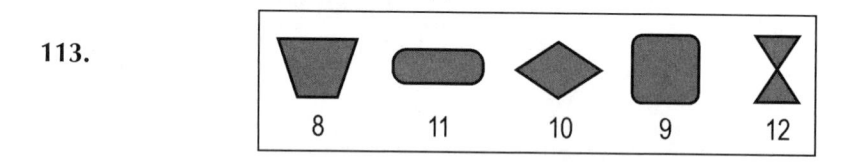

114. Bondade, carpete, piscina, colônia, suspiro, verdura, vestido, gigante, pentear, sentido, formiga, pantera, baralho...

115.

a) 3 + 7 + 4 − 2 + 8 − 9 + 5 − 3 + 9 − 4 = 18
b) 11 + 23 + 8 − 13 + 6 − 9 + 15 − 7 + 2 = 36
c) 20 − 9 + 12 + 8 − 7 + 5 − 8 + 14 + 16 = 51
d) 31 + 15 + 5 − 8 − 6 − 9 + 17 + 8 + 9 = 62
e) 11 + 16 + 8 + 9 − 13 − 6 + 19 + 7 − 4 = 47
f) 18 + 7 + 9 − 11 − 8 + 21 + 6 − 16 + 7 = 33
g) 19 − 5 − 7 + 16 + 12 + 8 − 6 − 9 + 14 = 42
h) 15 + 12 + 14 − 9 − 11 + 23 + 6 + 8 − 5 = 53
i) 24 + 18 − 9 + 7 − 11 + 21 − 16 + 5 − 3 = 36

117. Moinho:

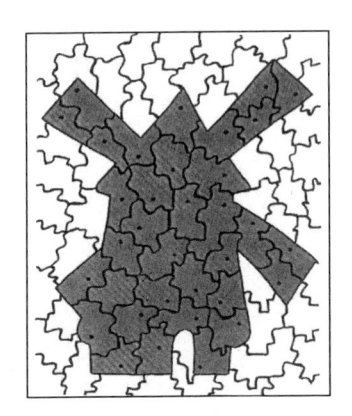

118.

I	T	1	F	7	V	0	O	S	8	C	9	D	H	G
J	Y	U	R	Q	6	I	3	P	5	O	D	I	N	8
F	F	K	X	Z	A	4	Y	M	6	S	9	J	K	E
K	2	0	8	9	S	D	F	G	U	1	G	A	L	1
1	H	S	C	L	5	E	V	A	P	C	T	Z	P	F
6	7	T	V	1	2	6	2	R	5	9	U	I	O	0
N	J	5	B	Q	B	9	P	B	C	Y	5	Q	8	F
4	3	U	N	8	T	W	2	L	Q	T	0	X	2	6
2	M	N	2	V	1	M	R	A	R	P	A	N	R	E
C	L	7	U	G	V	A	E	Z	7	O	8	W	3	H
L	1	R	8	N	2	M	H	1	N	B	5	I	G	3
3	S	6	V	S	A	L	M	B	1	C	0	E	8	D
A	4	J	7	K	5	4	5	X	2	9	S	6	O	7

119.

AVE	Albatroz	Bem-te-vi	Canário	Garça	Pato	Lavadeira
CIDADE	Americana	Belize	Cairo	Gênova	Paris	Lisboa
VEÍCULO	Avião	Barco	Carro	Gôndola	Perua	Lancha
OBJETO	Alicate	Bilhete	Caixa	Garfo	Prato	Livro
COR	Azul	Branco	Cinza	Grená	Púrpura	Lilás
FLOR	Azaleia	Begônia	Camélia	Gerânio	Petúnia	Lírio

120. Orquestra, cadeiras, mesas, bebidas, guarda-roupa, vasos, cinzei-
ros, telefone, espelho, microfone, alto-falantes, ventiladores, ar-condicionado, caixa registradora, bar, extintores, banheiros, salto
alto, piso, ventilador, copos, garrafas, garçom, músicos, toalha de
mesa, luminárias, iluminação, toca-fita, dançarinos, flores, troféu, ba-
teria, piano, guitarra, baixo, saxofone, gravatas...

121. Júlia-Bubu
Alice-Mei
Mônica-Teclec

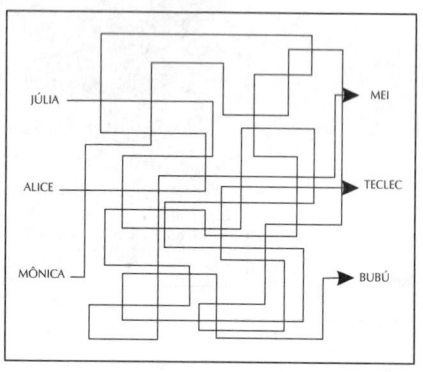

122.

123.

(31)	(42)	48	90	54	(77)	(25)	(69)
(87)	(38)	44	46	(59)	(80)	88	96
(61)	49	(30)	(82)	99	(58)	(40)	(85)
47	91	47	(28)	89	22	50	19
(39)	49	(26)	(71)	13	4	8	(70)
11	45	7	21	51	(37)	(65)	2
72	(35)	15	(66)	(33)	(78)	0	(56)
(27)	(86)	52	92	17	53	(34)	95
55	20	(43)	12	(84)	10	9	(74)
94	(64)	(32)	(57)	24	98	(60)	5
(75)	(29)	(67)	93	(63)	(68)	1	(76)
(36)	(58)	97	(73)	(41)	16	(25)	(62)
(81)	23	(83)	18	6	(79)	14	3

124. Palmeira, cera, pera, fera, cadeira, soleira, maneira, camareira, cartei-
ra, porteira, fora, barra, amarra, guerra, cólera, sogra, terra, pedra, enfermeira, cara, outrora, embora, catapora, senhora, salmoura, calou-
ra, sonora, mora, pandora, vara, mantra, lontra, farra, serra, tora, mirra, fileira, amoreira...

125. Mariposa:

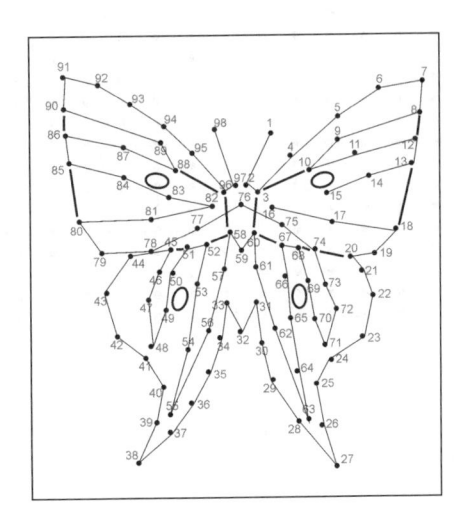

126. *Objetos necessários*: lápis, trena, prego, martelo, nível de bolha, fita adesiva, quadro.

Procedimento: pega-se a caixa de ferramentas e o quadro. Mede-se a altura do chão ao ponto em que o prego será colocado. Marca-se com o lápis o ponto em que será colocado o prego e sobre a marca coloca-se um pedaço de fita adesiva para não estourar o reboco. Escolhe-se um prego de tamanho apropriado. Posiciona-se o prego no lugar marcado a lápis e martela-se firmemente, até que o prego penetre alguns centímetros na parede. Em seguida, pendura-se o quadro; usa-se um nível de bolha para verificar se ele está reto.

127. • Durante o *jantar*, minha *medalha* caiu sobre o *tapete* próximo ao *rádio*.
• No *baile* da *excursão*, um senhor perdeu seu *chapéu* e a *bengala*.
• Enquanto fui à *rua* para fazer o *desjejum*, o *cachorro* destruiu o meu *bilhete*.
• O *povo* daquela cidade ganhou *fama* quando o *coral* de sua praia virou *notícia*.

128. 16 flores, 16 garrafas, 12 tênis, 11 panelas, 10 doces e 11 bolas. As flores e as garrafas são as que mais se repetem.

129.

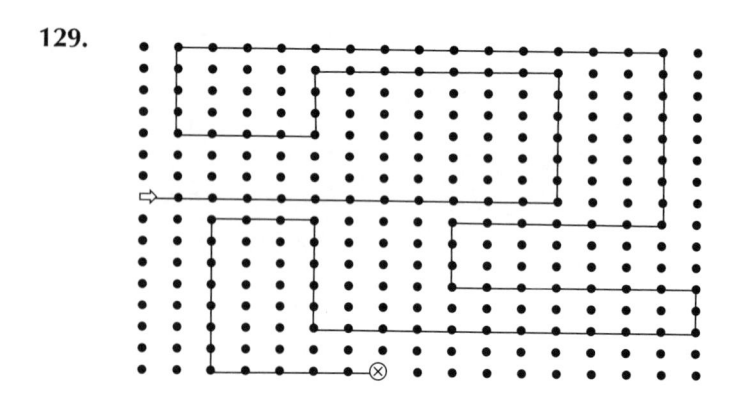

131.

53	68	73	76	78	82	88	90	91	95
104	108	112	118	124	129	131	138	143	152
105	127	137	143	145	149	157	164	175	183
143	159	164	168	172	175	181	183	186	193
176	182	193	203	208	211	215	219	221	235
168	186	193	199	201	207	209	212	218	224

132.

133. Câmeras, televisões, microfones, telefones, mesas, cadeiras, público, al-to-falantes, apresentador, cabos, extintores, camarins, figurino, banhei-ros, portas, relógio, dançarinos, sala de maquiagem, DVD, vídeos, be-bedouro, vasos, plantas, tapete, holofotes, lâmpadas, papel, botões, ala-vancas, seletores, telas, fones de ouvido, tomadas, ar-condicionado, ca-feteira...

134.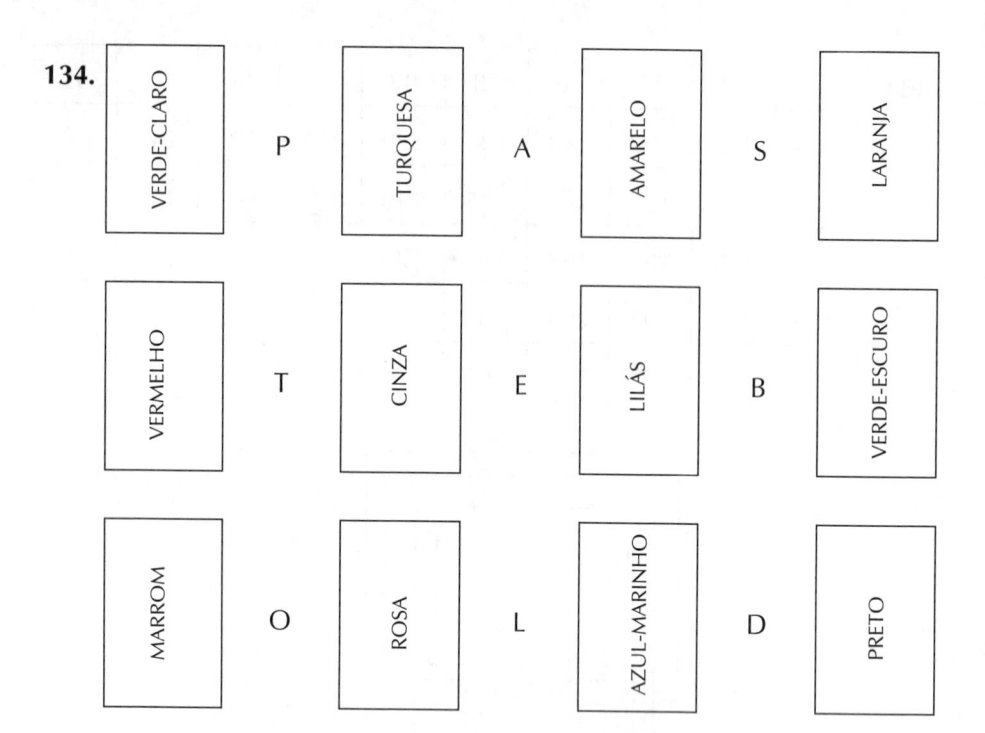

135. A-E / B-H.

136. Sobram quatro losangos.

137.

ELETRO-DOMÉSTICO	Torradeira	Micro-ondas	Encera-deira	Cafeteira	Panifica-dora	Lavadora	*Grill*
MÓVEL	Tapete	Mesa	Estante	Cômoda	Poltrona	Leito	Guarda-roupa
CIDADE	Toronto	Marília	Edimburgo	Córsega	Porto Velho	Lagos	Gênova
UTENSÍLIO DE LIMPEZA	Tanque	Mangueira	Esponja	Cesto de lixo	Pá de lixo	Luva	Guarda-napo
HORTALIÇA	Tomate	Milho	Espinafre	Couve	Pepino	Lentilha	Gengibre
MAMÍFERO	Texugo	Marta	Elefante	Cão	Paca	Lobo	Gato

138.
```
1 – 2 – 5 – 4 – 2 – 6 – 3 – 1 – 5 – 4 – 2
3 – 2 – 1 – 5 – 4 – 3 – 6 – 1 – 5 – 4 – 6
6 – 4 – 5 – 2 – 3 – 6 – 4 – 2 – 5 – 1 – 3
1 – 2 – 4 – 5 – 6 – 4 – 5 – 1 – 2 – 3 – 6
6 – 1 – 5 – 2 – 4 – 3 – 6 – 5 – 1 – 2 – 4
6 – 2 – 1 – 5 – 3 – 4 – 6 – 5 – 3 – 1 – 2
4 – 6 – 5 – 1 – 2 – 1 – 5 – 3 – 6 – 4 – 3
3 – 2 – 4 – 1 – 5 – 6 – 4 – 3 – 1 – 5 – 2
2 – 3 – 1 – 3 – 6 – 5 – 1 – 2 – 6 – 5 – 4
```

139.

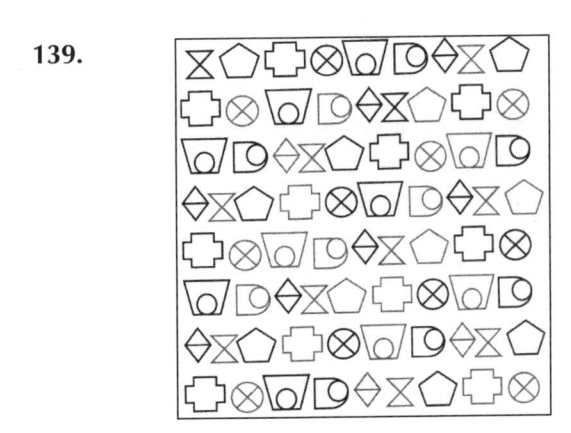

141.

A	2	R	3	F	6	K	4	R	2	B	1	D	9	C
N	6	J	5	P	2	D	8	S	7	N	6	G	3	J
F	7	T	6	S	8	B	3	H	3	R	2	H	8	A
G	4	K	7	A	9	L	6	L	8	M	9	T	2	V
H	3	S	9	T	2	R	5	T	9	N	2	J	5	L
E	2	A	1	D	4	O	2	C	1	A	4	D	6	E
J	9	L	8	E	6	G	9	N	4	V	5	G	8	F
A	6	B	5	U	8	T	1	L	8	E	7	P	9	J
G	4	M	3	O	7	H	3	R	5	K	2	O	1	R
L	8	V	2	F	6	A	5	S	6	M	3	S	2	C
O	3	N	9	G	1	C	2	J	9	C	5	T	7	M
P	2	D	4	J	7	R	8	T	4	E	8	B	9	L
S	1	C	7	N	3	L	4	M	3	S	1	N	2	T

142. Cavalo de xadrez:

143. a) A que horas Marta chegou ao encontro? 17:07h
b) A que horas Maria chegou ao encontro? 17:38h
c) A que horas Mônica chegou ao encontro? 17:18h
d) Qual delas foi a última a chegar? Maria
e) Quanto tempo Marta ficou esperando até que chegassem todas as suas amigas? 31 minutos

144.

Oeste	Oásis	Oceano	Olvidar	Ombreira
Oferta	Obedecer	**Oscilar**	Onda	Oportuno
Oxigênio	Ódio	Ocaso	**Oferta**	Outro
Oscilar	Ogro	Ofensa	Ordenar	**Oxigênio**
Oculto	Oeste	Ocre	Orca	Ovação
Ópera	Oficina	Olfato	Opinar	Ofício
Orla	Objetivo	**Oculto**	**Orla**	**Oeste**
	Oxigênio	Odor	Ovelha	Oposição
	Óbice	**Ópera**	Orgulho	Oleoso
	Oficial	Ouvido	Orvalho	Olho
	Ocorrer	Ocupar	**Oscilar**	**Ópera**
	Oferta	Olheiras	Orquestra	Oferenda
	Orelha	Óptico	**Oculto**	**Orla**
	Ojeriza	Ouro	Ostra	Obeso
	Ortivo	Órbita	Óleo	Oriente
	Orégano	Otimista	Ósseo	Orifício

145.

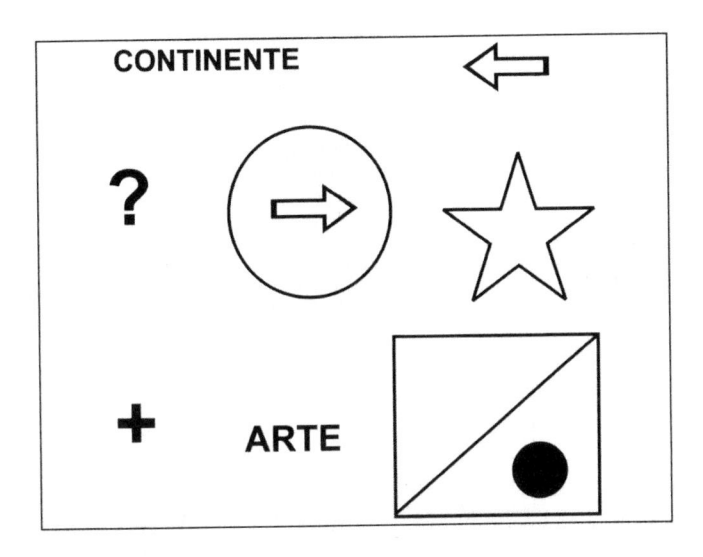

146.
- Hoje eu vi *o sol se pôr*.
- Neste Natal *reuniremos toda a família*.
- Espero *voltar a vê-la logo*.
- Quando chove *fico triste*.
- No mês que vem *iremos viajar*.
- Penso muito em *meus filhos*.
- Ontem *comemoramos o meu aniversário*.
- Se eu pudesse *faria um cruzeiro*.
- Não é certo que *tenha recebido a carta*.
- De manhã *estou sempre muito ativa*.
- À tarde *gosto de ler um livro*.
- À noite *durmo muito bem*.
- Creio que *voltarei a chamar Jacqueline*.
- Lembro-me como se fosse hoje *do nascimento de meu filho*.

147. *Utensílios e ingredientes*: espremedor, vasilha, faca e laranjas. *Procedimento*: cortam-se as laranjas pela metade com a faca. Espreme-as no espremedor acionado. Extrai-se a polpa de todas as laranjas. Despeja-se o suco numa vasilha e está pronto para beber.

148.

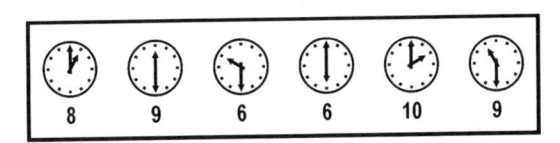

149. Refrigerantes .... R$ 33,76
Carpetes .... R$ 71,25
Cola .... R$ 0,95
Cada irmão .... R$ 66,66

150.

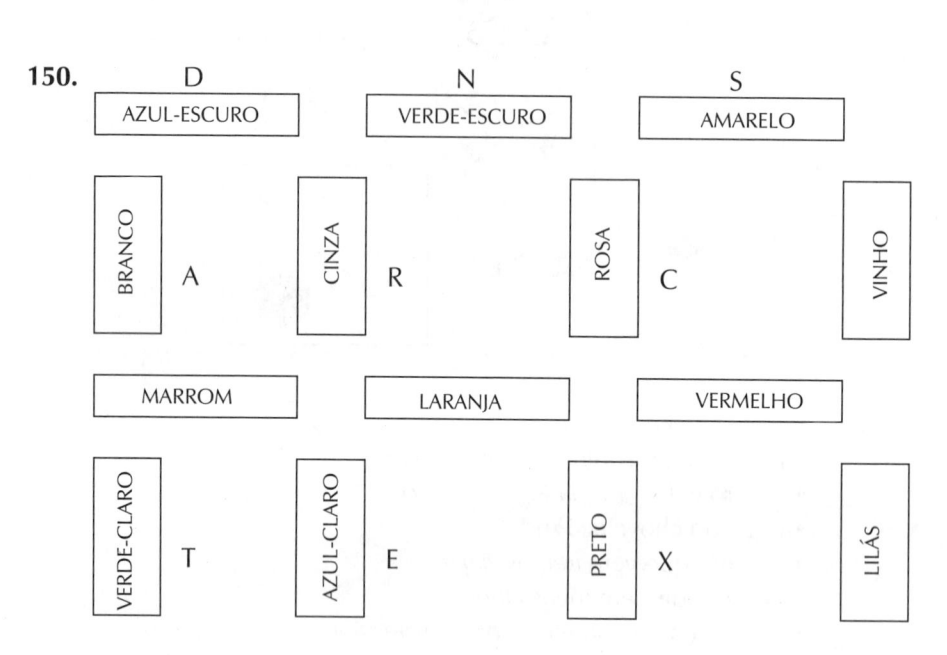

151.

CAPITAIS	REPETIÇÕES
Manila (Filipinas)	9
Camberra (Austrália)	7
Rabat (Marrocos)	8
Budapeste (Hungria)	7
Bucareste (Romênia)	8
Kiev (Ucrânia)	9
Riga (Letônia)	10
Berna (Suíça)	11
Oslo (Noruega)	10
Estocolmo (Suécia)	6
TOTAL de capitais	85

152.	1	Apanha-se uma panela.
	2	Coloca-se água na panela.
	3	Acende-se o fogo.
	4	Leva-se a panela com água ao fogo.
	5	Quando a água ferve, acrescenta-se o arroz.
	6	Adiciona-se um pouco de sal à água.
	7	O arroz cozinha durante 20 minutos.
	8	Retira-se o arroz do fogo.
	9	Escorre-se o arroz.

153. 1. Aleta / 2. Banca / 3. Barco / 4. Cálido / 5. Cômico / 6. Cor / 7. Dúvida / 8. Fonte / 9. Fúria / 10. Ganhar / 11. Halo / 12. Lago / 13. Lento / 14. Martelo / 15. Massa / 16. Menor / 17. Pluma / 18. Ponte / 19. Remo / 20. Riso / 21. Sonho / 22. Sueco / 23. Valor / 24. Vista

154. 9 – 22 – 35 – 48 – 59 – 76

155.	1.981	Mil novecentos e oitenta e um
	34.302	Trinta e quatro mil e trezentos e dois
	82.724	Oitenta e dois mil e setecentos e vinte e quatro
	390.101	Trezentos e noventa mil e cento e um
	802.703	Oitocentos e dois mil e setecentos e três
	930.620	Novecentos e trinta mil e seiscentos e vinte
	1.031.030	Um milhão e trinta e um mil e trinta
	2.000.105	Dois milhões e cento e cinco
	81.034.723	Oitenta e um milhões e trinta e quatro mil e setecentos e vinte e três
	47.082.304	Quarenta e sete milhões e oitenta e dois mil e trezentos e quatro

156.	
	1. A festa de aniversário de Luís foi muito divertida.
	2. Maria está de cama devido à recaída da febre de ontem.
	3. Saio para passear diariamente no parque com meu cachorro.
	4. Não é certo que esquecesse o livro de aventuras na loja.
	5. No próximo Natal toda a família irá esquiar na Suíça.
	6. Fui ao supermercado e, como sempre, deixei de comprar algumas coisas.
	7. A chuva danificou o telhado, muitas telhas foram quebradas pela tempestade que caiu na segunda-feira.
	8. Quando puder, telefona para o Pepe para saber se poderá vir amanhã para a janta.

REFERÊNCIAS

BALTES, P.B. & BALTES M. (orgs.) (1990). *Successful aging.* Cambridge: Mass. Cambridge University Press.

BALTES, P.B. & WILLIS, S.L. (1982). Plasticity and enhancement of intellectual functioning in old age: Penn State's adult development and enrichment. In: CRAIK, F.I.M. & TREHUB, S.E. (orgs.). *Aging and cognitive processes.* [s.n.t.]

BERMEJO, F. (org.) (1993). *Nivel de salud y deterioro cognitivo en los ancianos.* Barcelona: SG Ed./Fundación Caja Madrid.

BLIESZNER, R.; WILLIS, S.L. & BALTES, P.B. (1981). "Training research in aging on the fluid ability of inductive reasoning". *Journal of Applied Developmental Pshychology*, vol. 2 (3), p. 247-265.

CATTELL, R.B. & HORN, J.L. (1978). "A cross-social check on the theory of fluid and crystallized intelligence with discovery of new valid subtests designs". *Journal of Educational Measurement*, 15, p. 139-164.

FERNANDEZ-BALLESTEROS, R. et al. (1992). *Evaluación e intervención psicológica en la vejez.* Barcelona: Martinez Roca.

GESCHWIND, N. (1985). "Mechanism of change after brain lesions". In: NOTTEBOHM, E. (org.). "Hope for a new neurology". *Ann Acad NY*, 457, p. 1-11.

GIL, R. (1998). *Neuropsicología.* Barcelona: Masson.

HOFFMAN, L.; PARIS, S. & HALL, E. (1996). *Psicología del desarrollo hoy.* Madri: McGraw-Hill.

HORN, J.L. (1982). The aging of human abilities. In: WOLMAN, B.B. (orgs.) *Handbook of developmental psychology.* Englewood Cliffs, NY: Prentice-Hall.

HULTSCH, D.F. & DIXON, R.A. (1990). Learning and Memory in Aging. In: BIRREN, J. & SCHAIE, K.W. *Obra Completa* [s.n.t.], p. 259-273.

ISRAEL, L. (1988). *Metodo de entrenamiento de memoria.* Barcelona: Semar.

LOBO, A. et al. (1979). "'El Mini-Examen Cognoscitivo' un test sencillo y practico para detectar alteraciones intelectivas en pacientes médicos". *Actas Luso Esp. Neural. Psiquiatr.*, vol. 3, p. 149-153.

MOLLY, D. et al. (1988). "Acute effects of exercise in neuropsychological function in elderly subjects". *Journal of American Geriatrics Society*, vol. 36 (1), p. 29-33.

MONTORIO, I. (1994). *La persona mayor* – Guía aplicada de evaluación psicológica. Madri: Inserso [Colección Servicios Sociales].

PLEMONS, J.K.; WILLIS, S.L. & BALTES, P.B. (1978). "Modifiability of fluid intelligence in aging: A short-term longitudinal training approach". *Journal of Gerontology*, vol. 33 (2), p. 224-231.

POUSADA, M. (1996). "Los desarrollos recientes del arte de la memoria: La técnica de las palabras clave". In: SAIZ, D.; SAIZ, M. & BAQUES, J. (orgs.). *Psicología de la Memoria*: manual de practicas. Barcelona: Avesta.

PUIG, A. (2004). *Ejercicios para mejorar la memoria*. Madri: CCS.

_____ (2003). *Programa de Entrenamiento de la Memoria*: dirigido a personas mayores que deseen mejorar su memoria. Madri: CCS.

_____ (2001). *Programa de Psicoestimulación Preventiva*: un metodo para la prevención del deterioro cognitivo en ancianos institucionalizados. Madri: CCS.

_____ (1999). *Deteriorament cognitiu*: aplicación d'un programa de Psicoestimulació Preventiva en una residencia geriatrica. Barcelona: Universitat de Barcelona [Tese de doutorado].

ROTROU, J. (1985). "Methodologie pour une stimulation psychologique des fonctions cerebrales". *Demences du sujet age et environnement* – Actes du 2° Colloque: Paris, les 28 et 29 janvier 1985. Paris: Maloine.

ROWE, J.W. & KHAN, R.L. (1997). "Successful aging". *The Gerontologist*, 37, p. 433-440.

UZZELL, B.P. & GROSS, T. (1986). *Clinical Neuropsychology of intervention*. Boston: Martinus Nijhoff.

WILLIS, S. & SCHAIE, K.W. (1986). "Training on the ability factors of spatial orientation and inductive reasoning". *Psychology and Aging*, vol. 1 (3), p. 239-247.

WILLIS, S.L. (1996). "Towards an educational psychology of older adults learner: Intelectual and cognitive bases". In: BIRREN, J.E. & SCHAIE, W.K. (orgs.). *Handbook of the psychology of aging*. San Diego: Academic Press.

WILLIS, S.L.; BLIESZNER, R. & BALTES, P.B. (1981). "Intellectual training research in aging: Modification of performance on the fluid ability of figural relations". *Journal of Educational Psychology*, vol. 73 (1), p. 41-50.

YESAVAGE, J.A. (1987). Propuestas terapeuticas en las disfunciones de la memoria en edades avanzadas. In: MEIER-RUGE, W. (orgs.). *Formación y entrenamiento en Geriatría* – El paciente en edad avanzada en medicina general. Barcelona: Sandoz, p. 157-201.

YESAVAGE, J.A. & ROSE, T.L. (1983). "Concentration and Mnemonic Training in Elderly Subjects With Memory Complaints: A Study of Combined Therapy and Order Effects". *Psychiatric Research*, 9, p. 157-167.

Conecte-se conosco:

- facebook.com/editoravozes
- @editoravozes
- @editora_vozes
- youtube.com/editoravozes
- +55 24 2233-9033

www.vozes.com.br

Conheça nossas lojas:

www.livrariavozes.com.br

Belo Horizonte – Brasília – Campinas – Cuiabá – Curitiba
Fortaleza – Juiz de Fora – Petrópolis – Recife – São Paulo

  *Vozes de Bolso*

EDITORA VOZES LTDA.
Rua Frei Luís, 100 – Centro – Cep 25689-900 – Petrópolis, RJ
Tel.: (24) 2233-9000 – E-mail: vendas@vozes.com.br